负载均衡

高并发网关设计原理与实践

爱奇艺网络虚拟化团队 著

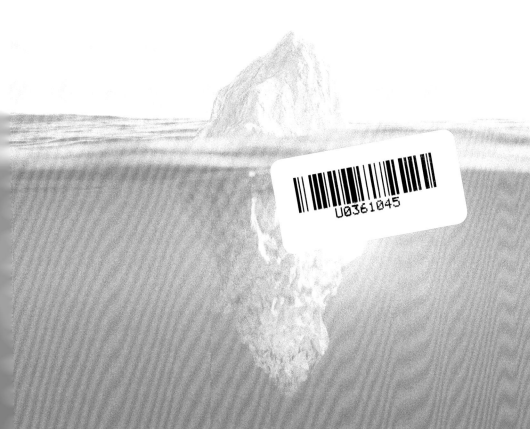

电子工业出版社·
Publishing House of Electronics Industry
北京·BEIJING

内 容 简 介

本书分为 10 章。第 1 章，主要介绍负载均衡技术的背景、发展历史、现状、原理和不同产品。第 2 章～第 5 章，主要介绍四层负载均衡和七层负载均衡的工作原理、功能应用和实现方式，以及负载均衡技术在云计算、微服务领域中的应用。第 6 章～第 8 章，主要从协议和实现两个层面，深入介绍负载均衡的性能优化和安全设计，并详细介绍基于 DPDK 技术的高性能并发网关 DPVS 的设计与实现。第 9 章，结合负载均衡技术在爱奇艺的落地实践，主要介绍负载均衡服务的部署方法、监控告警、故障处理、性能分析等实例，以及负载均衡技术在云计算、边缘计算中的应用。第 10 章，简单地展望了未来负载均衡的一些发展趋势。

本书主要面向的是负载均衡服务的提供者和使用者、网络技术研发人员、后端服务开发人员，同时也面向对负载均衡技术感兴趣的广大技术爱好者。

图书在版编目（CIP）数据

负载均衡：高并发网关设计原理与实践 / 爱奇艺网络虚拟化团队著. —北京：电子工业出版社，2022.3

ISBN 978-7-121-42886-9

Ⅰ. ①负… Ⅱ. ①爱… Ⅲ. ①网站－载荷－均衡－研究 Ⅳ. ①TP393.092.1

中国版本图书馆 CIP 数据核字（2022）第 022048 号

责任编辑：刘恩惠　　　　　特约编辑：田学清
印　　　刷：北京天宇星印刷厂
装　　　订：北京天宇星印刷厂
出版发行：电子工业出版社
　　　　　北京市海淀区万寿路 173 信箱　　　　邮编 100036
开　　本：720×1000　　1/16　　印张：13.25　　字数：244 千字
版　　次：2022 年 3 月第 1 版
印　　次：2023 年 3 月第 3 次印刷
定　　价：89.00 元

编委会名单

（排名不分先后，按照姓氏字母排序）

陈　雷　黄奕晨　蒋文杰　李　苗

吴杰珂　王　庆　吴　岩　于文超

燕　亚　苑　苏

推荐序 1

从 PC 互联网到移动互联网，再到万物互联的物联网，我们正在经历一个蓬勃发展的互联网时代。万物互联时代的互联网终端设备数量、总用户数量和互联网服务使用频次都在快速增长，移动通信、移动社交、移动支付、移动电商、智能家居、智能可穿戴、智能汽车、智慧城市、各类云服务等应用给人们的生活带来了越来越多的便利，同时也对支持这些应用场景的互联网服务和背后的数据中心基础设施提出了越来越高的要求。网络热搜、春运抢票、"双 11"购物节引起的网络请求高并发更是对后台服务器提出了严苛的挑战。如何支持高并发、如何提升服务可用性成为互联网从业者的必修课。在这个背景下，"负载均衡"成了大家谈论最多的一个词。

虽然"负载均衡"这个概念存在已久，也经历了很长一段发展历程，但是系统介绍该领域相关技术的图书并不多。相信很多人都像我一样使用搜索引擎在互联网上搜索各种相关资料，然后把支离破碎的信息拼在一起来了解负载均衡技术的发展历程。学习资料的缺失无疑加大了学习负载均衡技术的难度，也增加了负载均衡技术的神秘感，从而阻碍了互联网从业者真正掌握负载均衡技术并将其付诸实践、高效提升各种互联网业务服务可用性的步伐。

爱奇艺网络虚拟化团队基于自己的负载均衡实践编撰本书，从理论到实践，系统地介绍了负载均衡的发展历史、功能、原理、技术、应用和优化等，真正解决了学习负载均衡难度大的问题，这无疑是互联网从业者的一个福音。本书不仅讲解了四层负载均衡和七层负载均衡的原理与技术，对一些有代表性的负载均衡器（如 LVS、Nginx、HAProxy、爱奇艺开源的 DPVS、Google 的 Maglev 等）进行了较全面的比较，而且也深入介绍了负载均衡在爱奇艺的应用落地实践，包括负载均衡服务的部署、监控和告警、性能分析等，给读者提供了一个完整的知识闭环。另外，可能让很多读者有一些意外惊喜的是，本书不仅详细介绍了负载均衡的性能优化和安全设计，同时也深入讨论了多种常见网络协议的性能优化，这些知识从另一个维度增加了本书的实用价值。

作为一个开源爱好者和倡导者，我特别想为爱奇艺网络虚拟化团队在开源负载均衡器 DPVS 上的贡献点赞。回顾历史，负载均衡技术的发展离不开开源，从 LVS 到 DPDK，从 HAProxy 到 Nginx，再到爱奇艺网络虚拟化团队基于 DPDK 和 LVS 研发并开源的 DPVS。本书的很多内容都和 DPVS 相关，作者也分享了对 DPVS 开源的缘由，以及和开源社区人员一起共建 DPVS 的一些经验，我认为这也是本书特别值得一提的亮点。

相信本书的出版不仅会使互联网行业的运维工程师、网络工程师和 SRE 受益，还会使网络安全工程师、系统架构师、互联网业务负责人受益。

崔宝秋 小米集团副总裁

2021 年 11 月于北京

推荐序 2

我们生活在一个万物互联的网络时代，各种智能终端设备的大规模使用推动了互联网的普及和物联网的发展，同时也让网络的服务端面临着前所未有的压力。如何构建一个支持千万级高并发的电子商务交易系统？能不能把 14 亿中国人拉进同一个聊天群？越来越多的技术开发人员已经开始关注和思考这类话题。对于这种大规模、高并发的网络应用，除了服务自身的优化，还需要负载均衡这一把服务架构设计的"利刃"。

负载均衡在高可用的分布式系统架构中处于如此重要的核心地位，然而针对负载均衡和服务网关这两项现代网络技术，学习资料却非常有限。无论是 Google 对其网络负载均衡器 Maglev 的论文描述，还是 Linux 内核中 LVS 的代码实现，对普通技术人员上手都具有一定门槛。长久以来，后端技术人员对负载均衡的认知大都停留在厂商提供的服务使用操作界面，难以深谙其内部实现原理。本书基于互联网公司爱奇艺的大规模应用实践，为广大网络技术人员打开了一扇洞悉负载均衡技术内幕的大门。

本书由浅入深地介绍了负载均衡的发展历史、功能、原理、技术、应用和优化等，选取当前非常具有典型代表性的开源解决方案 LVS 和 Nginx，分别作为四层负载均衡和七层负载均衡研究对象，所述内容紧密联系实际工作，不仅可以让读者知其然，亦能知其所以然。此外，性能优化是本书的一个亮点。我们知道，网络性能优化的复杂性在于它涉及网络 I/O、操作系统内核、协议栈、虚拟化等多个层面。令人欣慰的是，本书深入地介绍了爱奇艺基于 DPDK 开发的四层开源负载均衡器 DPVS 的设计原理及性能优化的实现细节，为读者呈现一种工作在用户态的高性能四层负载均衡的解决方案。所以，本书的受益对象不仅包括负载均衡服务的使用者、提供者，还包括负载均衡和网络系统优化的开发者。严格来说，虽然负载均衡技术涉及的知识广度和深度很难涵盖在一本书中，但本书的内容讲解深入浅出、取舍得当，启迪读者打开通往负载均衡知识海洋的大门。

Intel 始终致力于推动网络性能优化，是 DPDK、FD.io、OVS、Linux Kernel 等相关高性能网络社区的主要贡献者、推动者和布道者。作为社区中的一员，我很高兴看到本书的出版，也希望更多的技术人员能加入网络社区贡献者及布道者的行列，共同推动生态链的完善和行业技术的进步。

周林 Intel 网络平台事业部资深软件研发总监

2021 年 11 月于上海

前　言

　　负载均衡（LoadBalance）的字面意思是将工作负载分担到多个工作单元上进行执行，它建立在现有网络结构之上，是构建分布式服务、大型网络应用的关键组件。近十几年来，负载均衡技术层出不穷，令人眼花缭乱。如果问身边的技术人员什么是负载均衡，我们可能会得到许多不同的答案。运维人员可能认为负载均衡是单位购买的F5 设备，网络管理员可能认为负载均衡是 DNS 分地域的用户调度，内核研发人员可能认为负载均衡是 Linux 内核提供的 LVS 功能，后端开发人员可能认为负载均衡是 Nginx、HAProxy 等为后端业务提供的具有反向代理功能的软件。似乎大家都知道负载均衡是什么，但又很难给出一个统一的标准答案。事实上，负载均衡技术广泛应用于从数据中心到业务实现的各个层次。不同技术分工下的工程师对负载均衡的理解如盲人摸象，很难窥探这个技术的全貌。

　　本书的目的并不是详尽地列举出所有负载均衡技术，而是通过对常用负载均衡技术的分析，希望读者了解负载均衡技术的架构和原理，并在此基础上指导读者设计、优化自己的负载均衡器，构建自己的负载均衡服务。概括来说，本书有两个主要目的，一个是介绍常用的负载均衡技术的功能、原理、应用和服务构建方案；另一个是介绍负载均衡服务的性能优化，以满足日益增长的业务流量和并发访问需求。希望读者在阅读本书后，不仅能够理解、掌握负载均衡技术的基础原理，而且能够独立构建和维护一套稳定、高可用、高性能的，可以在生产环境下使用的负载均衡服务。此外，研发人员可以通过本书介绍的负载均衡性能优化技术改善服务的性能，从而达到节约成本、提高生产效率的目的。

读者服务

微信扫码回复：42886

- 获取本书配套链接资源
- 加入本书读者交流群，与作者互动
- 获取【百场业界大咖直播合集】（持续更新），仅需 1 元

目　录

第1章 负载均衡概述

随着互联网的迅猛发展，基于网络的数据访问流量迅速增长，特别是对数据中心、大型企业等网站的访问，访问流量甚至达到了 10Gbit/s 的级别。同时，随着服务多样性的增加，如 HTTP、FTP、SMTP 等协议应用为用户提供了丰富的内容和信息，使得服务器被数据淹没。此外，大部分网络服务都要求提供 7×24 小时不间断服务，这就要求服务满足高性能和高可用性的需求。

数据中心是整个行业发展的基础。服务的可扩展性、实时性、高可用性及安全等方面会进一步对数据中心提出挑战，这就使得企业面临数据中心基础设施需要不断升级、扩展甚至重构的压力。本章先介绍一下数据中心的发展历史及其架构设计。

负载均衡技术是为了解决上述需求的一种解决方案，因此，本章的最后三小节会重点介绍负载均衡的产生、负载均衡的原理及其在数据中心的应用（典型的负载均衡器）。

1.1 从数据中心说起

下面先一起了解一下数据中心的发展历史，以及超融合数据中心架构和大型互联网架构。

1.1.1 数据中心的发展历史

数据中心的发展主要经历了以下 4 个关键阶段。

- 初期阶段。

20 世纪 60 年代是以数据存储和计算为主的初期阶段。数据中心的概念最早于 20 世纪 60 年代被提出来，通常是指固定的物理环境中的计算机系统、存储系统、电力设备等相关基础组件的总称。

- 快速发展阶段。

20 世纪八九十年代是以数据处理和业务应用为主的快速发展阶段。随着通信技术的发展，微型计算机产业市场繁荣，计算机被应用到各行各业，连接型网络设备取代了老一代的 PC。随着 Client-Server 技术模型的出现，人们开始将服务器单独放在一个房间里，并用"数据中心"一词命名该房间，"数据中心"一词从此开始流行起来，这也是传统机房最早期的雏形。

- 稳定发展阶段。

21 世纪初是数据和业务体量不断增长的稳定发展阶段。互联网的爆发式增长促使数据中心的建设更加专业化。2005 年，电信部门推出了备受行业认可的机房设计标准，即中国电信〔2005〕 IDC 产品规范；与此同时，美国电信产业也颁布了"TIA942 标准"，将机房分为 Tire1～Tire4 四个级别。这项标准为数据中心的发展起到了规范和指导作用。

- 超融合架构阶段。

自 2010 年以来，数据中心进入以服务为主的超融合架构阶段。从 2010 年开始，随着云计算的兴起和云计算技术的不断成熟，数据中心采用超融合技术进行管理，即在通用的服务器硬件基础上，借助虚拟化和分布式技术，将计算、存储、虚拟化融为一体。该技术能够实现资源灵活调配、设备智能管理，以及按需为用户提供服务。

如今，数据中心是存在于多个物理位置的云和非云资源的动态集合，它已经不再受机房的限制，能够实时感知需求、高效处理应用、快速做出响应；为业务提供高可用性、高性能、高安全性的服务。

1.1.2　超融合数据中心架构和大型互联网架构

那么现今的数据中心服务（提供数据的服务中心）是如何提供高可用性、高性能、高安全性的服务的呢？这就涉及架构设计。下面主要基于超融合数据中心架构及大型互联网架构进行介绍。

1.　超融合数据中心架构

随着云计算和虚拟化、分布式技术的发展，数据中心进入虚拟化、超融合阶段。基于通用处理器，我们可以将网络、计算、存储和安全功能全部虚拟化，同时将全部组件融合在一套虚拟化管理平台中，形成超融合数据中心架构，这使得存储设备、服务器、网络等基础设施减少了对物理硬件的依赖，变得更灵活、更易横向扩展。其中，超融合数据中心架构如图 1-1 所示。

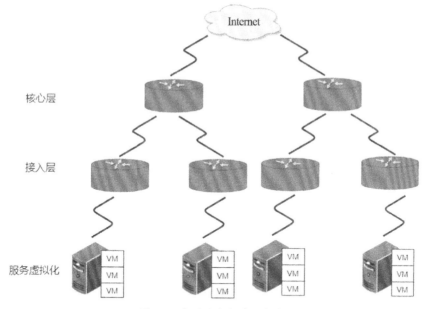

图 1-1　超融合数据中心架构

- 核心层：核心交换机是网络的枢纽中心，该模块为进出数据中心的数据包提供了高速转发的服务，并在后端服务以集群部署时为其提供负载均衡服务。

- 接入层：接入交换机通常位于机架顶部，连接服务器，实现资源灵活迁移。

- 服务虚拟化：以单台或集群方式对外提供服务资源，每台服务器运行多个服务（以虚拟机为载体）。

2. 大型互联网架构

初始的互联网架构较为简单，应用程序、数据库、文件都部署在同一台服务器上，可以满足少量的业务需求。随着用户规模和业务量的不断增长，单一服务器达到了性能瓶颈，对于 PB（1PB=1024TB）级的数据和高并发请求，无论单一或主备数据库、文件系统有多强大，也都不能满足日益增长的需求，此时需要服务器采用集群方式部署，使用负载均衡器进行负载均衡，分担单一服务器的压力。

由于应用服务器从单台设备变成集群设备，客户端的流量不再直接被接入后端服务器，而是需要负载均衡器根据特定的负载均衡算法，将客户流量分发至特定的后端服务器。

为了进一步减少客户端访问延迟，减轻服务器端的压力，采用缓存技术在客户端与负载均衡设备之间加入内容分发网络（Content Delivery Network，CDN），实现对资源的加速，将用户请求精准调整到最优接入节点，从而达到最优的访问性能。其中，大型互联网架构如图 1-2 所示。

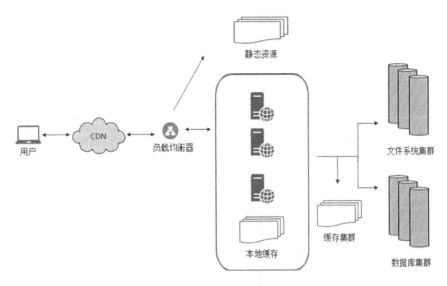

图 1-2　大型互联网架构

1.2　负载均衡必要性分析

从单机的角度提升服务器处理能力，无论是提升 CPU 处理能力，还是增加内存、磁盘等空间，都不能满足日益增长的大流量、高并发、海量数据在高性能、高可用性等方面的需求。因此，只能通过横向扩展，增加服务器，即采用集群和负载均衡架构，来共同分担访问压力、提升业务处理能力。

简单来说，就是数据中心内部会以集群模式构建各种服务，通过在入口部署负载均衡，对外提供高访问量服务，提高应用程序的可用性、可靠性和可扩展性。这就是负载均衡的产生背景，也是负载均衡技术架构设计的来源。

1.2.1　负载均衡的作用

本节会对负载均衡的一些应用场景进行简单探讨，在此之前，我们先通过用户访问网络服务的实例来大致了解一下负载均衡在用户访问服务过程中起到的作用。

图 1-3 所示为使用负载均衡服务前后用户访问网络服务的整个过程。

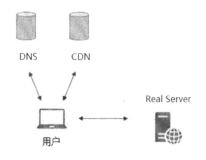

(A) 使用负载均衡服务前用户访问流程

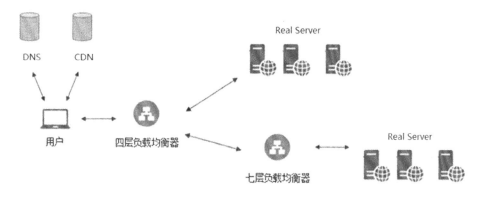

(B) 使用负载均衡服务后用户访问流程

图 1-3　用户访问网络服务的整个过程

1．使用负载均衡服务前

首先，用户根据域名发起连接请求，通过 DNS 域名解析获取域名对应的后端应用服务器的 IP 地址。

然后，用户向网站服务器端发起 HTTP/HTTPS 请求。请求会直接进入 DNS 解析出来的后端应用服务器。后端应用服务器接到请求后，会解析用户 HTTP 请求，完成业务处理后再将 HTTP 请求响应返回用户。

2．使用负载均衡服务后

首先，用户根据域名发起连接请求，通过 DNS 域名解析获取域名对应的后端应用服务器的 IP 地址。若部署了 CDN，则此过程会由全局负载均衡的 DNS 进行域名解析，并通过 CDN 将 IP 地址返回缓存服务器。

其次，用户向网站服务器端发起 HTTP/HTTPS 请求。请求到达数据中心核心层后，由这里部署的负载均衡服务器（Load Balancer，LB）进行处理，该负载均衡服务器通常是 Linux 虚拟服务器（Linux Virtual Server，LVS）。LB 根据不同的算法，将请求分流至后端集群中的服务器。这里有两种不同的路径处理方式：一种是进入代理集群；另一种是进入应用服务集群。这两种路径分别属于前文提到的四层负载均衡器和七层负载均衡器。

然后，进入代理集群。这是为了使用代理的各种高级特性，如反向代理、SSL Offloading、日志收集、缓存、自定义负载均衡等。代理集群通常采用 Nginx 部署，再由代理做负载均衡，将访问流量均衡到后端应用服务集群。

之所以直接进入后端应用服务集群，主要是为了避免代理集群增加额外的操作和路径而导致响应时间变长。所以，针对大流量业务，为了得到更快的响应，会由顶层 LB 直接连接到后端应用服务集群。

后端应用服务器接到请求后，会解析用户 HTTP 请求，完成业务处理后再返回 HTTP 请求响应给用户。

通过上面的实例我们可以看到，使用负载均衡服务前，域名解析到的服务器一旦宕机，就会使得服务不可用。在服务器前端使用负载均衡服务后，可以横向扩展服务。这样，当某台后端应用服务器宕机时，负载均衡设备就会将请求分配给该服务所在后端集群中的其他可用服务器，实现服务的高可用性。

1.2.2 场景需求

本节将介绍一下负载均衡的 4 种主要场景需求。

1. 流量负载均衡

流量负载均衡如图 1-4 所示。在高访问量场景下，可以通过负载均衡配置监听规则、负载均衡策略，将访问流量分发到不同的后端服务器上，增加系统的吞吐量和网络处理能力；同时，可以启用会话保持功能，将同一个客户端的请求转发到同一个后端服务器上，以提高访问效率。

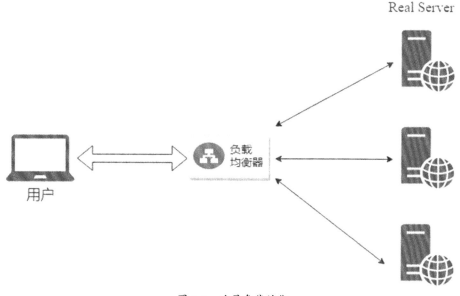

图 1-4　流量负载均衡

2. 实现服务的高可用性、高可扩展性

在实现服务的高可用性方面，当后端的某台服务器发生故障后，负载均衡健康检查会及时感知到，并自动屏蔽该服务器，将其从负载均衡策略中移除，后续的请求会被分发到正常运行的后端服务器中，从而保证业务的正常运行，消除单点故障，实现服务的高可用性。

在实现服务高可扩展性方面，可以根据业务发展的需要，通过随时添加和移除负载均衡器后端服务器来扩展应用系统的服务能力，适用于各种 Web 服务器和 App 服务器。

3. 提供外网访问

为了满足内网用户访问外网服务的需求，负载均衡采用 SNAT 集群提供外网访问。SNAT 集群访问外网的架构如图 1-5 所示。

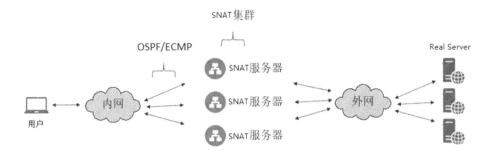

图 1-5　SNAT 集群访问外网的架构

内网交换机与 SNAT 集群之间采用开放式最短路径优先协议（Open Shortest Path First，OSPF）/等价多路径路由协议（Equal-Cost Multipath Routing，ECMP），对内网用户发出的访问流量进行负载均衡。为集群中每个 SNAT 服务器分配独立的外网 IP 地址，以便转换内网流量的源 IP 地址，达到与外网服务通信的目的。

4. 安全与防火墙功能

负载均衡作为数据中心的入口，适合在该层做安全防护策略，如负载均衡自带的 SYNPROXY 防攻击机制、黑白名单、安全或防火墙等。通过这些策略，我们可以在一定程度上避免攻击报文流入数据中心内部，保护数据，使之更安全稳定。

1.3　负载均衡的产生

随着网络技术的快速发展，服务器的处理能力和内存访问速度的增长远远低于网络带宽和应用服务的增长速度；同时，用户数量的增长也导致服务器资源消耗严重，服务器成为网络的瓶颈，而单机模式也往往成为网络的故障点。

由此衍生出一种负载均衡的解决方案，即组建服务器群，在集群前端部署负载均衡，将用户请求根据配置的负载均衡策略分发到集群服务器中，以满足高并发业务的需求。

下面简要介绍一下负载均衡的历史、现状及面临的挑战。

1.3.1　负载均衡的历史

负载均衡是随着网络的快速发展而兴起的，回顾其发展历史可以分为以下 4 个阶段。

- 诞生：负载均衡的概念最早于 1996 年由 Foundry 提出，着眼于在传输层（TCP/IP 协议 OSI 参考模型第四层）将负载均衡集成在自己的设备中。同年，F5 公司成立，Foundry 将负载均衡作为创业点，在成立之初便开始关注传输层、应用层（TCP/IP 协议 OSI 参考模型第七层）业务，并在后来长期统治该市场。

- 生存中求发展：2000 年—2003 年，很多互联网公司认识到负载均衡的重要性，纷纷以收购的方式进入该市场，如思科在 2000 年 5 月收购 Arrowpoint，北电网络在 2000 年 10 月收购 Alteon。也正是在这个时期，互联网泡沫爆发，许多负载均衡公司面临着生存的考验。

- 快速发展：熬过了互联网寒冬，整个行业从 2003 年开始迎来了复苏，由互联网引导的客户经济在这个时期开始产生真正的经济效益并逐步发展。随之而来的则是各种网络应用流量瓶颈的问题，单纯依靠升级传统设备已经无法解决流量瓶颈的问题。负载均衡便在此时大显身手，很多负载均衡设备厂商，如 F5、Netscaler 等都得到了快速发展。

- 应用交付：从 2006 年开始，国内互联网市场火爆了起来，电子商务、视频网站、流媒体等形成了巨大的访问量。普通的负载均衡已经无法满足网络应用流量增长的需求。F5 便对传统负载均衡进行升级、扩展，倡导基于网络七层的应用交付的概念。F5 是一种综合的交付平台，综合了负载平衡、TCP 优化管理、链接管理、SSL VPN、压缩优化、智能网络地址转换、高级路由、智能端口镜像等各种技术手段。应用交付是一种将关键应用与基础网络设备关联起来的系统解决方案，并逐渐成为负载均衡的发展方向。

1.3.2 负载均衡的现状

负载均衡设备和路由器一样，一直都是非常昂贵的专用硬件。大部分三、四层专用网络设备被商业化服务硬件、商业化网络接口控制器（Network Interface Controller，NIC）和基于数据平面开发套件（Data Plane Development Kit，DPDK）、快速数据开源项目（Fd.io，Fast Data - Input/Output）等专业软件方案所取代。使用 Linux 和基于 DPDK 编写的自定义的用户空间应用程序进行快速收发包，这样服务器可以用非常小的数据包轻易使 80Gbit/s 的网卡饱和。

复杂的七层负载均衡器（如 Nginx、HAProxy、Envoy）也在快速迭代，并逐渐取代负载均衡器供应商（如 F5）。因此，七层负载均衡器也在逐步成为商业化软件解决方案。

因此，如今的负载均衡行业处于传统硬件和新兴软件并存的时期。不过，随着行业朝网络解决方案的商业化 OSS（Operation Support Systems，运营支撑系统）硬件和软件方向发展，OSS 软件和云供应商将会取代传统的负载均衡供应商，成为负载均衡的新方向。

1.3.3 负载均衡面临的挑战

现如今，负载均衡已成为高并发网络架构中必不可少的组件，大型互联网架构也越来越多地依赖负载均衡。与此同时，我们也看到了负载均衡发展过程中所面临的一些新的挑战。

1. 性能

基于通用处理器部署的用户态负载均衡软件，受限于操作系统对多核并发的支持度，而不仅是受限于 CPU 的数量，因此负载均衡面临新的性能瓶颈。比如，HAProxy 这类基于用户态的软件负载均衡，其对 CPU 主频的依赖度要远远高于 CPU 核数，这使得对服务器类型选择的要求较为严格。

2. 业务

越来越多的 Web 流量需要流经七层负载均衡器，使得七层负载均衡器需要支持的协议、需要解析的应用数据越来越多；尤其是在出现高并发连接的突发情况下，负载均衡将承担巨大的业务压力。同时，七层负载均衡的交换规则越来越复杂，使得架构师和程序员对其增加了依赖，无形中也加重了七层负载均衡的负担。

3. 成本

软件负载均衡之所以被广泛使用，很大程度上是由于其成本较低（包括后期的管理和维护成本）但是，每增加一组负载均衡，投入的成本就会增加，随着对负载均衡的依赖越来越大，成本问题日渐突出。如何提升单机的运营能力成为负载均衡面临的一项新挑战。

4. 运维

负载均衡处于客户端和后端服务器之间，当业务出现故障时，尤其是有的故障与客户端、后端服务器的配置相关联时，很难通过负载均衡提供的连接统计、CPU、内存、有限的日志等统计信息发现隐蔽的问题。这给运维人员进行故障诊断带来了很大的困难，在这方面我们需要探索出更为先进的方法。

1.4　负载均衡的原理

了解负载均衡技术的工作原理是学习本书后面章节的基础，下面将重点阐述两大类（按工作方式划分）负载均衡技术原理：四层负载均衡原理、七层负载均衡原理。

1.4.1　四层负载均衡的原理

四层负载均衡工作在网络七层开放式系统互联（Open System Interconnect，OSI）模型的第四层，即传输层，基于 IP 和端口进行请求分发。典型的四层负载均衡是 LVS。

如图 1-6 所示，在四层负载均衡上，服务以 VIP:VPort 的形式对外暴露；后端集群中有多个节点会响应这个服务。当客户端请求服务访问 VIP:VPort 时，四层负载均衡器收到客户端请求后，会根据负载均衡算法从后端集群中选择一个节点，修改请求的目的 IP:Port 为该节点的 IP:Port（若响应要求经过负载均衡，则需要同时修改源 IP:Port 为负载均衡 local ip/LIP: local port/LPort），把客户端请求分发到该节点。

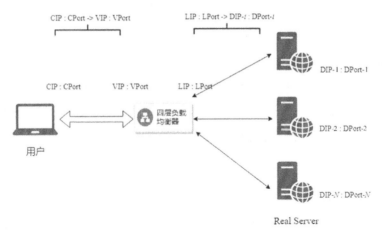

图 1-6 四层负载均衡

1.4.2 七层负载均衡的原理

七层负载均衡工作在网络七层 OSI 模型的第七层，即应用层。其基于请求的应用层信息做负载均衡，如七层协议信息（HTTP、RADIUS、DNS 等）、七层 URL 信息、浏览器类别信息等，在功能上更加丰富，可以使整个网络更加智能化。典型的七层负载均衡器是 Nginx。

如图 1-7 所示，七层负载均衡器收到客户端请求后，根据配置规则可以实现对 HTTP 信息的修改、URL 路径规则匹配、URL 路径重写等，并根据负载均衡调度算法将客户端请求分发到上游服务器（Upstream Server）中。

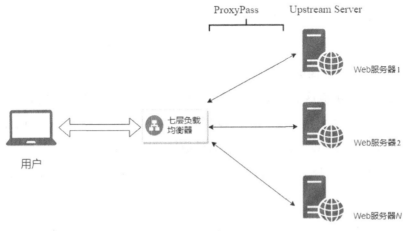

图 1-7 七层负载均衡

1.5 典型的负载均衡器介绍

上一节提到了四层负载均衡和七层负载均衡的典型代表 LVS 和 Nginx，本节就来简单介绍一下这两种负载均衡器架构及其工作方式等。

1.5.1 LVS

提到负载均衡器就不得不介绍一下中国开源界的丰碑——Linux 虚拟服务器（LVS）。LVS 是由章文嵩发起的 Linux 开源项目，通过采用集群化技术，为基于 Linux 的操作系统提供一个构建高性能、高可用应用的解决方案。LVS 是中国开源软件的先锋和骄傲，在国际上具有较强的影响力，该项目于 1998 年 5 月在网站上发布 IPVS 第一个版本源程序，获得了来自 Internet 的用户和开发者的支持。目前，LVS 已经作为 Linux 内核的官方负载均衡解决方案，被广泛认可和采纳。比如，现在在如火如荼进行中的 Kubernetes 项目，LVS 被应用于 Kube-proxy 这一 Kubernetes 核心组件中，用于替代 iptables 优化 Kubernetes Service 的性能；Google 基于 LVS 采用 Go 语言研发了负载均衡平台 Seesaw，作为其内部负载均衡服务的基础架构。LVS 一直被作为核心组件应用于众多系统中。

LVS 实际上是一种集群（Cluster）技术，基于 Linux 内核 IPVS 模块实现负载均衡，基于内容请求进行分发，并通过 IPVS 的管理工具 ipvsadm 进行管理。LVS 具有很好的吞吐率，可以将请求均衡地分发到不同的服务器上去执行，且自动屏蔽服务器的故障，从而将一组服务器构成一个高性能的、高可用的虚拟服务器。整个服务器群的结构对客户是透明的，而且无须修改客户端和服务器端的程序。

1. 集群结构

LVS 由前端的负载均衡器（Load Balancer，LB）和后端的服务器（Real Server，RS）群组成，整个系统主要分为以下三大部分。

- 负载均衡器：LVS 系统的前端维护一个虚拟 IP 地址。当客户端访问这个虚拟 IP 地址时，负载均衡器会负责将客户端的请求通过特定的算法分发到不同的真实服务器上执行。为了避免单点故障，通常需要两个负载均衡器做主从备份（LVS 本身并不支持该功能）。

- 服务器群：一组真正执行客户端请求的服务器，负责处理客户端请求并返回结果。RS 之间可以通过局域网或广域网连接，并对客户透明。
- 共享存储池：为服务器群提供一个共享的存储区，确保服务器群都能得到一致的数据、提供相同的服务。一般使用网络文件系统或分布式文件系统。

图 1-8 所示为 LVS 集群系统结构。

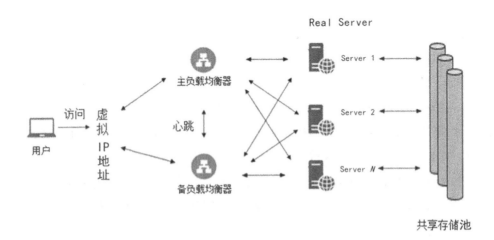

图 1-8　LVS 集群系统结构

2. 工作模式

IPVS 是 LVS 集群系统的核心软件，它安装在负载调度器上，同时会在负载调度器上虚拟出一个 IP 地址，用户必须通过这个虚拟的 IP 地址访问服务器。这个虚拟的 IP 地址一般被称为 LVS 的 VIP（Virtual IP）。访问的请求首先经过 VIP 到达负载调度器，然后由负载调度器从 RS 列表中选取一个服务节点响应用户的请求。

在用户的请求到达负载调度器后，负载调度器如何将请求发送到提供服务的 RS 节点，以及 RS 节点如何将数据返回给用户，是 IPVS 的实现重点。

目前，LVS 实现了 4 种集群类型，包括 NAT、DR、Tunnel 和 FullNAT，分别有不同的特点和应用场景，我们将在第 2 章进行详细说明，这里不做进一步展开。

1.5.2　Nginx

Nginx（engine x）是基于 C 语言实现的一个高性能、轻量级的 HTTP 和反向代理 Web 服务器，同时也提供了 IMAP/POP3/SMTP 服务。Nginx 既可用作静态服务器，提供图片、视频服务，也可用作反向代理或负载均衡服务器。Nginx 作为反向代理，当代理后端应用集群时，需要进行负载均衡。Nginx 提供了对上游服务器（真实业务逻辑访问的服务器）的负载均衡、故障转移、失败重试、容错、健康检查等功能，以一种廉价有效透明的方法扩展了网络设备和服务器的带宽、增加吞吐量、加强网络数据处理能力、提高网络的灵活性和可用性。

Nginx 具有高并发连接、低内存消耗、低成本、配置简单灵活、支持热部署、稳定性高、可扩展性好等优点，这些优点都得益于其优秀的架构设计（模块化、多进程和多路 I/O 复用模型）。

1. 模块介绍

Nginx 服务器由多个模块组成，每个模块负责自身的功能，模块之间"高内聚、低耦合"，如图 1-9 所示。

图 1-9　Nginx 服务器的模块

- 核心模块：是 Nginx 服务器正常运行必不可少的模块，提供错误日志记录、配置文件解析、事件驱动机制、进程管理等核心功能。

- 标准 HTTP 模块：提供 HTTP 协议解析相关的功能，如端口配置、网页编码设置、HTTP 响应头设置等。

- 可选 HTTP 模块：主要用于扩展标准的 HTTP 功能，让 Nginx 能处理一些特殊的服务，如 Flash 多媒体传输、解析 GeoIP 请求、SSL 支持等。

- 邮件服务模块：主要用于支持 Nginx 的邮件服务，包括对 POP3 协议、IMAP 协议和 SMTP 协议的支持。

- 第三方模块：为了扩展 Nginx 服务器应用，完成开发者自定义功能，如 JSON 支持、Lua 支持等。

2. 架构设计

Nginx 服务器是采用 Master/Worker 多进程模式实现的，如图 1-10 所示。

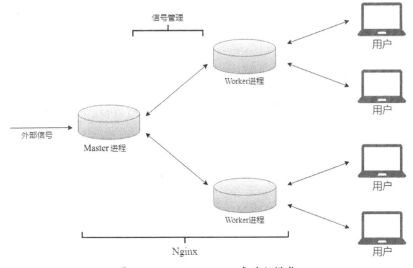

图 1-10　Master/Worker 多进程模式

- 多进程：一个 Master 进程和多个 Worker 进程。Nginx 在启动后会有一个 Master 进程负责接收外部信号、管理 Worker 进程。Master 进程在接收到外部信号后会将该信号传递到 Worker 进程，最终由 Worker 进程来处理实际的请求连接任务，和用户交互。其中，Worker 进程通常与 CPU 内核数量一致，可以更好地利用多核特性、通过无限循环不断接收来自客户端的请求，处理真正的业务逻辑。

- I/O 多路复用模型：如果不使用 I/O 多路复用，那么在一个进程中，某个时间段只能处理一个请求。而多路复用模型（如 Nginx 采用的 Epoll 模型）允许在某一时间段同时处理多个请求。通过事件注册机制，Epoll 对象会在已注册事件发生时通知某个进程来处理，事件处理完之后进程就会空闲下来等待其他事件。

在 Nginx 中，当某个 Worker 进程接收到客户端的请求后，会调用 I/O 进行处理。如果不能立即得到结果，就会去处理其他请求（即非阻塞），而客户端在此期间也无须等待响应，可以去处理其他事情（即异步）。当有 I/O 结果返回时，Epoll 对象就可以监听 I/O 对应的文件描述符的变化，并通知对应的 Worker 进程。该进程得到通知后，会暂时挂起当前处理的事务，响应客户端请求。

从上面的过程中可以看出，虽然每个进程只有一个线程，同一时间只能做一件事情，但是可以通过不断切换来"同时"处理多个请求。

通过使用上述的多进程机制和 I/O 多路复用模型，Nginx 就具备了高并发的特性。

第 2 章　负载均衡详细介绍

通过第 1 章的介绍，我们对负载均衡技术的产生背景和典型负载均衡器有了一定的了解，本章会在第 1 章提到的两种负载均衡技术的典型案例（LVS 和 Nginx）的基础上具体介绍负载均衡技术的实现原理，并给出一些实际使用时的配置实例以供参考。

2.1　四层负载均衡技术

从 1.4.1 节，我们了解到四层负载均衡技术会根据 IP 地址和端口来决定负载均衡路径，将流量均匀分发到各个后端服务器（Real Server，RS）。该技术会对需要做负载均衡的流量进行相关处理。比如，在 2.1.2 节提到的 DR 模式下，负载均衡器会将接收数据包的目的 MAC 地址修改为负载均衡路径上后端服务器的 MAC 地址，之后将流量转发到后端服务器，并记录下该 TCP/UDP 的流量是由哪台服务器处理的，该连接后续的所有流量都会被转发到同一台服务器处理。其中，LVS（Linux Virtual Server）是由章文嵩发起的开源项目（见链接[1]），可以实现 Linux 平台下的简单四层负载均衡。通过 LVS 的负载均衡和 Linux 能够实现高可用的网络服务，如可扩展的 Web 服务、邮件服务、缓存服务、FTP 服务、多媒体服务和 VoIP（网络电话）服务等。

本节以 LVS 作为四层负载均衡器的代表来分析，其中，2.1.1 节简要描述了一些四层负载均衡器 LVS 的相关术语，然后分别对 LVS 转发模式和配置实例、不同协议下的负载均衡，以及获取真实的客户端 IP 地址和端口信息进行详细阐述。

2.1.1　经典四层负载均衡器 LVS 的相关术语

为了更好地理解 LVS，首先需要了解其相关术语。下面重点介绍一下 VIP、Director 及 Real Server，并简单介绍一下其他相关术语。

VIP（Virtual IP Address）在本书中是虚拟 IP 地址的意思，之所以称其为虚拟 IP 地址是因为它不与一个实际的物理网口相对应。对用户而言，VIP 和 VIP 端口提供了四层服务标志，用户不用关心 VIP 背后的逻辑及后端架构。对四层负载均衡技术而言，VIP 和转发逻辑在四层负载均衡器上，四层负载均衡器负责按配置处理该 VIP 对应的数据报文。对后端服务器而言，VIP 描述了一组服务器，对客户端屏蔽了后端服务器。VIP 屏蔽了后端服务器的细节，使后端服务器能够动态伸缩变化，提供了可扩展性和 IP 地址收敛功能。

Director 是整个集群外面的前端机（用户可见），负责将用户请求转发至后端服务器。在四层负载均衡整体系统架构中，处于用户和后端服务器之间，负责接收客户端请求，同时转发到后端服务器。

后端服务器是真正执行用户请求，为用户提供服务的一组服务器。后端服务器接收 Director 转发的传输层数据报文，并将其交由应用程序处理。

本书中的其他相关术语解释如下。

- DNAT（Destination Network Address Translation）：目标地址转换。

- SNAT（Source Network Address Translation）：源地址转换。

- CIP（Client IP）：客户端 IP 地址。

- RIP（Real Server IP）：后端服务器 IP 地址。

- DIP（Director IP）：负载均衡器 IP 地址。

- Src（Source IP）：请求源 IP 地址。

- Des（Destination IP）：请求目标 IP 地址。

2.1.2　LVS 转发模式及配置实例

从上面的介绍可知 LVS 四层负载均衡器的主要工作是转发，这就存在一个转发模式的问题，目前主要的转发模式有 Direct Route 模式、Tunnel 模式、NAT 模式、FullNAT 模式。下面针对这几种主流转发模式进行具体介绍。

1. Direct Route 模式

Direct Route 模式简称为 DR 模式，其主要转发流程如图 2-1 所示。客户端的请求到达 Director 之后，Director 通过将网络帧的 MAC 地址修改为负载均衡路径上后端服务器的 MAC 地址，从而实现将该请求转发至指定服务器。在 DR 模式下，LVS 中的 Director 和后端服务器需要绑定到同一个 VIP 上，后端服务器是通过 loopback 绑定到 VIP 上的。这样，后端服务器在接收到 Director 转发来的包时，链路层就会发现 MAC 地址是自己的，同时上面的网络层在 loopback 中也会找到自己的 IP 地址，于是该包被接收。当后端服务器返回响应时，只需要向源 IP（CIP）返回即可，不需要再经过 LVS。

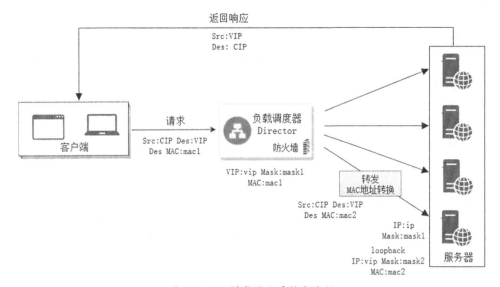

图 2-1　DR 模式的主要转发流程

DR 是一种性能较好的模式，但由于该模式是在数据链路层上实现负载均衡的，这需要使该模式下的后端服务器和 Director 必须在同一物理网络中。同时，DR 模式不支持地址转换，也不支持端口映射。

下面介绍一下如何在 TCP 服务下实现 DR 转发模式，实验环境配置如表 2-1 所示。

表 2-1　在 TCP 服务下实现 DR 转发模式的实验环境配置

设备名称	实验环境配置
Director	一台 Director，内网 IP/VIP 地址为 192.168.182.100
	安装有 ipvsadm 服务（/sbin/ipvsadm）
后端服务器	两台后端服务器，配置在内网中，IP 地址分别为 192.168.182.133 和 192.168.182.134
	安装 Nginx Web 服务

在 Director 上通过脚本进行 DR 配置，启动 Linux 路由转发功能将 Director 打造成路由器，并将后端服务器通过 ipvsadm 工具添加到 Director 的下属服务中，其中，-t 表示 TCP 服务。具体配置实例代码如下：

```
#! /bin/bash
# Director 开启路由转发功能
echo 1 > /proc/sys/net/ipv4/ip_forward
#绑定 VIP
ip addr add 192.168.182.100/32 dev eth0
#通过 ipvsadm 设置下属后端服务器
IPVSADM='/sbin/ipvsadm'
$IPVSADM -C  #清除所有策略
$IPVSADM -A -t 192.168.182.100:80 -s wrr  #wrr 加权轮询
$IPVSADM -a -t 192.168.182.100:80 -r 192.168.182.133:80 -m -w 8
$IPVSADM -a -t 192.168.182.100:80 -r 192.168.182.134:80 -m -w 10
```

同时，我们需要在每台后端服务器上进行 VIP 绑定并禁用地址解析协议（Address Resolution Protocol，ARP），RS 的配置脚本代码如下：

```
#! /bin/bash
#绑定 VIP 至 loopback
ip addr add 192.168.182.100/32 dev lo0
#禁用 VIP 的 ARP
echo "1" > /proc/sys/net/ipv4/conf/all/arp_ignore
echo "1" > /proc/sys/net/ipv4/conf/lo/arp_ignore
echo "2" > /proc/sys/net/ipv4/conf/lo/arp_announce
echo "2" > /proc/sys/net/ipv4/conf/all/arp_announce
```

2. Tunnel 模式

Tunnel 模式的主要转发流程如图 2-2 所示。

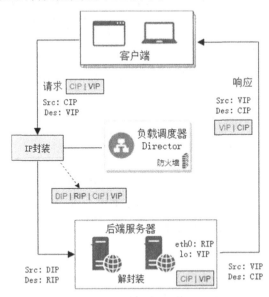

图 2-2　Tunnel 模式的主要转发流程

当用户请求到达 Director 后，该请求会先到达 Director 内核中，Director 首先对比数据包服务是否为集群服务。若是则进行 IP 封装，即在请求报文首部封装一层 IP 报文，封装后的源 IP 为 DIP，目标 IP 为 RIP。然后，Director 将最新报文发送到后端服务器，因为真实的 IP 信息被封装了，所以可以理解为隧道传输。后端服务器收到报文后先进行解封装，发现里面还有一层 IP Header，且目标 IP 为其 lo 接口 VIP，那么后端服务器处理请求后会将响应通过 lo 接口传给 eth0 网卡，然后向外传递，此时源 IP 为 VIP，目标 IP 为 CIP。

在 Tunnel 模式下，所有的入口报文都会经过 Director，但出口报文必须不能经过 Director（RS 网关不可指向 DIP）。这样可以减少负载均衡器的大量数据流动，负载均衡器不再是系统的瓶颈，能够处理巨大的请求量。同时，RIP、VIP、DIP 全是外网地址，使得 Director 能进行不同地域的分发。但是，其局限性在于 Real Server 必须是 Linux 且支持隧道。同时由于 Tunnel 模式不支持端口映射，运维起来也比较难，所以一般不使用它。

下面是 TCP 服务下 Tunnel 转发模式的配置说明，实验环境配置如表 2-2 所示。

表 2-2　TCP 服务下 Tunnel 转发模式的实验环境配置

设备名称	实验环境配置
Director	一台 Director，VIP 地址（tunl0）为 192.168.182.100；eth0：192.168.182.112
	安装 ipvsadm 服务（/sbin/ipvsadm）
后端服务器	两台后台服务器，IP 地址为 192.168.182.103 和 192.168.182.104，tunl0 均为 192.168.182.100
	安装 Nginx Web 服务

在 Director 上进行 Tunnel 配置的代码如下：

```
#隧道配置
ifconfig tunl0 192.168.182.100 broadcast 192.168.182.100 netmask
255.255.255.0 up
route add -host 192.168.182.100 dev tunl0
IPVSADM='/sbin/ipvsadm'
$IPVSADM -C
$IPVSADM -A -t 192.168.182.100:80 -s rr  #轮询
$IPVSADM -a -t 192.168.182.100:80 -r 192.168.182.103 -i  #RS 添加
$IPVSADM -a -t 192.168.182.100:80 -r 192.168.182.104 -i
```

同时，在每台后端服务器上也进行相应的配置，代码如下：

```
#隧道配置
ifconfig tunl0 192.168.182.100 broadcast 192.168.182.100 netmask
255.255.255.0 up
route add -host 192.168.182.100 dev tunl0
#禁用 VIP 的 ARP
echo "1" > /proc/sys/net/ipv4/conf/all/arp_ignore
echo "1" > /proc/sys/net/ipv4/conf/lo/arp_ignore
echo "2" > /proc/sys/net/ipv4/conf/lo/arp_announce
echo "2" > /proc/sys/net/ipv4/conf/all/arp_announce
```

3. NAT 模式

NAT 模式的主要转发流程如图 2-3 所示。客户端的请求到达 Director 之后，该请求会先到 Director 内核中，Director 对比数据包是否为集群服务，若是则通过 DNAT 修改数据包目标 IP 为 RIP，并将报文转发到对应的后端服务器。当后端服务器接收到请求后，构建响应报文发回给 Director，此时报文源 IP 为 RIP，目标 IP 为 CIP。Director 通过 SNAT 将数据包的源 IP 修改为 VIP，然后响应给客户端，此时源 IP 为 VIP。

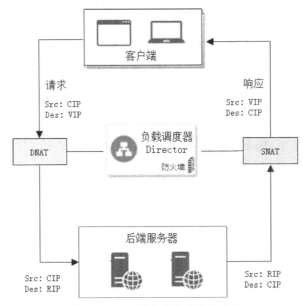

图 2-3　NAT 模式的主要转发流程

通过 NAT 模式的转发流程描述可知，客户端并不能感受到后端服务器的存在。

由于响应需要经过 Director，所以后端服务器的网关需要指向 DIP，即要将 DIP 和 RIP 放在同一个网段。NAT 模式下的入口与出口报文均需要经过 Director，在高负载的场景中，Director 极有可能成为性能瓶颈。NAT 模式的优势在于其可以支持端口映射，后端服务器可以使用任意操作系统。

在 TCP 服务下实现 NAT 转发模式的实验环境配置如表 2-3 所示。

表 2-3　在 TCP 服务下实现 NAT 转发模式的实验环境配置

设备名称	实验环境配置
Director	一台 Director，外网 IP/VIP 地址为 192.168.182.100，内网 IP/DIP 地址：192.168.182.112
	安装有 ipvsadm 服务（/sbin/ipvsadm）
后端服务器	两台后端服务器，配置在内网中，IP 地址分别为 192.168.182.133 和 192.168.182.134
	安装 Nginx Web 服务

在 Director 上通过脚本进行 NAT 配置，具体配置实例代码如下：

```bash
#! /bin/bash
# Director 开启路由转发功能
echo 1 > /proc/sys/net/ipv4/ip_forward
# 关闭 ICMP 重定向
echo 0 > /proc/sys/net/ipv4/conf/all/send_redirects
echo 0 > /proc/sys/net/ipv4/conf/default/send_redirects
echo 0 > /proc/sys/net/ipv4/conf/eth0/send_redirects
echo 0 > /proc/sys/net/ipv4/conf/eth1/send_redirects
#设置 DIP
ifconfig eth0:0 192.168.182.112 up
#关闭防火墙
service iptables stop
#设置下属 RS
IPVSADM='/sbin/ipvsadm'
$IPVSADM -C
$IPVSADM -A -t 192.168.182.100:80 -s wrr   #wrr 加权轮询
$IPVSADM -a -t 192.168.182.100:80 -r 192.168.182.133:80 -m -w 8
$IPVSADM -a -t 192.168.182.100:80 -r 192.168.182.134:80 -m -w 10
```

在每台后端服务器上通过修改/etc/sysconfig/network-scripts/ifcfg-eth0 文件，将网关设置为 DIP，代码如下：

```
#将网关设置为 DIP
GATEWAY=192.168.182.112
```

4. FullNAT 模式

由上述内容可知，由于其本身实现及运维成本的限制，一般不使用 Tunnel 模式。而 DR 模式或 NAT 模式都会遇到的问题是，Director 和后端服务器必须在同一个网段。对于 NAT 模式，需要将 VIP 用作后端服务器的网关，这就导致无法接入跨网段的后端服务器，使 LVS 的水平扩展受到制约。随着业务扩展，后端服务器在进行水平扩展时，单点的 LVS 就会成为性能的瓶颈。为解决上面两种模式的跨网段问题，FullNAT 模式应运而生，该模式是由阿里巴巴团队开发的，是开源的（见链接[2]）。

FullNAT 模式的主要原理如下：引入 local IP 地址（LVS 集群内部 IP 地址，LIP），

IPVS 通过 CIP-VIP 与 LIP-RIP 之间的相互转换,使得 LVS 的 Director 和后端服务器能够处于不同的网段,从而解决了跨网段的问题。采用这种模式,Director 和后端服务器的部署在网段上将不再受限，极大地提高了运维部署的便利性。

FullNAT 模式的主要转发流程如图 2-4 所示，客户端的请求到达 Director 之后，会先到 Director 内核中，Dircctor 确定请求是集群服务后，通过 DNAT+SNAT（即 FullNAT 模式），将数据包源 IP 修改为 LIP，将目标 IP 修改为 RIP，并将报文发到对应的后端服务器。后端服务器接收到请求后，构建响应报文发送给 Director，此时报文源 IP 为 RIP，目标 IP 为 LIP。响应报文通过内部路由到达 Director 后，Director 会对其进行 FullNAT 模式转换，将源 IP 修改为 VIP，目标 IP 修改为 CIP，然后响应给客户端。

FullNAT 模式部署需要进行 FullNAT 内核的编译及编译安装对应的 keepalived、ipvsadm 工具，具体参照官方介绍（见链接[3]）。FullNAT 模式部署实验环境配置如表 2-4 所示。

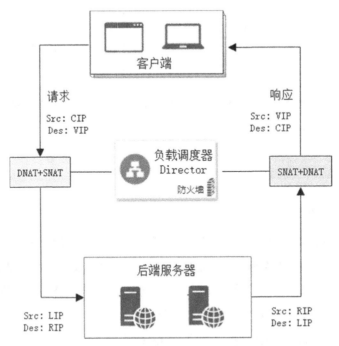

图 2-4 FullNAT 模式的主要转发流程

表 2-4　FullNAT 模式部署实验环境配置

设备名称	实验环境配置
Director	一台 Director，外网 IP/VIP 地址：192.168.182.100，内网 IP/LIP 地址为 192.168.182.104
	FullNAT 内核编译完成
后端服务器	两台后端服务器，内网 IP 地址分别为 192.168.182.133 和 192.168.182.134
	安装 Nginx Web 服务

在 Director 上进行策略写入，对应配置脚本代码如下：

```
#! /bin/bash
# Director 开启路由转发功能
echo 1 > /proc/sys/net/ipv4/ip_forward
#通过 ipvsadm 设置下属 RS
ipvsadm -C
ipvsadm -A -t 192.168.182.100:80 -s rr
ipvsadm -a -t 192.168.182.100:80 -r 192.168.182.133:80 -b
ipvsadm -a -t 192.168.182.100:80 -r 192.168.182.134:80 -b
ipvsadm -P -t 127.0.0.1:80 -z 127.0.0.1:80    #添加本地 IP 地址
```

2.1.3　不同协议下的负载均衡

四层负载均衡作用在传输层，主要包含 TCP 和 UDP 两种协议类型。接下来就针对 TCP 和 UDP 两种协议下的负载均衡在 LVS 中的实现进行介绍，并对其他相关协议下的处理进行简要分析。

1. TCP 负载均衡

LVS 通过 ip_vs_protocol_init() 函数调用 register_ip_vs_protocol() 函数注册协议以便支持相应的协议。TCP 负载均衡的目的是通过合适的调度算法找到一个合适的后端服务器来建立连接，实现负载均衡。这主要涉及 TCP 协议结构的以下成员函数。

- tcp_conn_in_get() 函数和 tcp_conn_out_get() 函数：用来确认当前数据包是否属于当前连接列表（ip_vs_conn_tab）中的某个连接。

- tcp_fnat_in_handler() 函数和 tcp_fnat_out_handler() 函数：用于在 FullNAT 模式下

对 TCP 报文进行调整，如进行 TCP 报文校验和计算、源目的地址转换及 TOA 模块引入等。

- tcp_conn_schedule()函数：用于创建连接，该函数最终会调用 ip_vs_schedule() 函数来进行 RS 的选择和连接的建立。

- tcp_snat_handler()函数和 tcp_dnat_handler()函数：用于源地址和目的地址的转换。

- tcp_csum_check()函数：用于 TCP 报文校验和计算。

- tcp_state_transition()函数：用于 TCP 状态机的状态转变。

- tcp_timeout_change() 函 数 、 tcp_set_state_timeout() 函 数 和 tcp_conn_expire_ handler()函数：用于改变连接超时相关函数，如设置连接超时、超时时间修改等。

其中，入口报文（请求）和出口报文（响应）的连接查询并不是由一个函数实现的，而是由 tcp_conn_in_get()和 tcp_conn_out_get()两个函数共同完成的。这是因为在 FullNAT 模式下，入口报文和出口报文在连接列表中对应的查询依据不同，入口报文对应的查询依据是 CIP、VIP 及端口，出口报文对应的查询依据是 RIP、LIP 及端口。所以，Director 通过维护 IN/OUT 双向的连接列表来区分入口报文和出口报文。

当 TCP 数据包进入 LVS 时，首先会经过 ip_vs_in()函数。该函数会从 skb(sk_buff，TCP/IP 堆栈中用于收发包的缓冲区域）中提取协议类型 IPPROTO_TCP，并找到与之对应的连接 ip_vs_conn。如果没有找到就寻找服务对应的规则（ip_vs_service），并新建一个虚拟连接（cp），将其加入 ip_vs_conn_tab 列表中。在新建虚拟连接时会调用 TCP 协议定义的 tcp_conn_schedule() 函数，为 skb 选择合适的 RS。首先，tcp_conn_schedule()函数会进行 TCP 首部有效性判断；然后，调用 ip_vs_schedule()函数来根据虚拟服务 ip_vs_service 选择 RS 和建立连接；最后，采用 cp->packet_xmit() 方法对数据进行传输。同时，对连接状态、sk_buff 等进行修改。

2. UDP 负载均衡

UDP 负载均衡的目的是通过合适的调度算法找到并绑定一个合适的 RS 进行数据传输，实现负载均衡。UDP 协议下的相关处理函数和 TCP 协议下的相关处理函数类似，此处不再赘述。

由于 UDP 是无连接的数据报协议，无法直接通过连接查询来获取数据包的负载均衡路径，所以 LVS 会通过 ip_vs_conn 将 UDP 协议报文的相关信息（如源目的地址、端口等）封装起来，建立虚拟连接。同时，采用定时器来进行 UDP 虚拟连接的超时释放。然后，我们可以通过类似 TCP 负载均衡的流程进行负载均衡。

当 UDP 数据包进入 LVS 时，首先会经过 ip_vs_in() 函数。该函数从 skb 中提取协议类型 IPPROTO_UDP，并找到与之对应的虚拟连接 ip_vs_conn。如果没有找到就寻找服务对应的规则（ip_vs_service），并新建一个虚拟连接（cp），将其加入 ip_vs_conn_tab 列表中。在新建虚拟连接时会调用 udp_conn_schedule() 函数为 skb 选择合适的后端服务器进行绑定，最后采用 cp->packet_xmit() 方法对数据进行传输。

3. ICMP 处理

ICMP 处理对于客户端和后端服务器之间的错误和控制通知是非常重要的。Director 在实现请求转发时，需要对虚拟服务进行 ICMP 处理。下面以 ICMP 消息发现客户端和后端服务器之间的 MTU 值为例进行说明。

当用户的请求被 Director 调度到后端服务器执行后，后端服务器会将执行结果直接返回客户端，响应报文 MTU 为 1200 字节。在从后端服务器到客户端的路径中，有一段线路的 MTU 值为 500 字节。在该场景下，路由器会向报文的源地址发送一个需要分片为 500 字节的 ICMP 消息。该 ICMP 消息会到达 Director，Director 先将 ICMP 消息中原始报文的头取出，再在 Hash 表中找到相应的连接，然后将该 ICMP 消息转发给对应的后端服务器。这样，后端服务器就会将原有的报文分片处理成 500 字节再发送，从而使客户端得到服务的响应。

接下来，以 LVS 中对于 IPPROTO_ICMP 协议下 ICMP 数据报文的处理为例进行阐述。目前，LVS 的 IPVS 模块仅处理 3 种类型的 ICMP 报文：ICMP_DEST_UNREACH、ICMP_SOURCE_QUENCH 和 ICMP_TIME_EXCEEDED。当 ICMP 报文进来后，IPVS 会先进行类型检查来确定如何处理。接着，检查 ICMP 报文内部是否为 IP 协议报文，同时检查合法性，之后找到 IP 报头的协议字段，进行协议结构的查找。相关源代码如下：

```
// 获取 ICMP 报文的内层 IP 协议头
```

```
offset += sizeof(_icmph);
cih = skb_header_pointer(skb, offset, sizeof(_ciph), &_ciph);
// 特殊处理 IPIP 类型的数据包
ipip = false;
if (cih->protocol == IPPROTO_IPIP) {
    if (unlikely(cih->frag_off & htons(IP_OFFSET)))
        return NF_ACCEPT;
    // ICMP Error 类型的 IPIP 数据包只能出现在 LOCAL_IN 钩子上
    if (!(skb_rtable(skb)->rt_flags & RTCF_LOCAL))
        return NF_ACCEPT;
    offset += cih->ihl * 4;
    cih = skb_header_pointer(skb, offset, sizeof(_ciph), &_ciph);
    if (cih == NULL)
        return NF_ACCEPT;// 忽略数据包异常
    ipip = true;
}
```

通过 IP 报头在 Hash 表中查找 IPVS 连接，如果找到就进行 ICMP 报文应答（handle_response_icmp()函数），如果找不到就默认不进行处理。对于原始报文是 IPIP 协议报文的特殊情况，如果 ICMP 类型是 ICMP_DEST_UNREACH，且代码是 ICMP_FRAG_NEEDED，则从 ICMP 报文中取出要求的 MTU 值，作为路径 MTU 更新到对应的路由表项中。相关源代码如下：

```
// 更新 MTU
if (ic->type == ICMP_DEST_UNREACH && ic->code == ICMP_FRAG_NEEDED) {
    struct ip_vs_dest *dest = cp->dest;
    u32 mtu = ntohs(ic->un.frag.mtu);
    __be16 frag_off = cih->frag_off;
}
```

然后，去掉此 ICMP 报文的最外层 IP 报头，ICMP 首部及 IP Header 仅保留原始的客户端 IP 请求报文，使用 icmp_send()函数发送 ICMP 报文到最初的客户端。除了对此类 ICMP 分片进行了报文处理，均未对其他类型的 ICMP 报文进行处理。

4. 应用协议处理

IPVS 的应用是模块化的，对于每一个应用协议，在初始化时均定义一个静态 ip_vs_app 结构作为模板。IPVS 在注册该协议时，该协议对应的应用指针并不会直接指向初始静态 ip_vs_app 结构，而会指向新分配的 ip_vs_app 结构，ip_vs_app 结构中的 ip_vs_app 指针指向初始静态 ip_vs_app 结构。然后 IPVS 把新分配的这个结构分别挂到静态 ip_vs_app 结构的具体实现链表和 IP 协议的应用 Hash 链表中进行使用，这和 Netfilter 的实现方式完全不同。当进行应用协议连接时，首先进行 ip_vs_app 服务的查找，然后调用 ip_vs_schedule() 函数对后端服务器进行调度。目前，IPVS 仅支持 FTP 协议。

此外，上述 TCP 协议和 UDP 协议下的负载均衡在遇到这种 IP 地址实时变化的客户端时会出现连接断开再重连的问题，而重连又会使应用层付出记录连接信息的代价。这需要在应用层上对其进行相应的处理，利用固定的标识替换连接的 5 元组来确定唯一一个客户端连接，使客户端在 IP 地址变化后仍能被识别。如果 Director 可以基于应用层的 Session ID 来识别会话（去除 IP 地址变化的影响），则可以避免上述由 IP 地址变化引起的重连问题。在 IPVS 中，可以通过 Session ID 识别会话，并通过哈希调度来实现负载均衡。

2.1.4　获取真实的客户端 IP 地址和端口信息

通过对上述 4 种转发模式的描述可知，对于 DR 和 NAT 两种模式，后端服务器可以直接从数据包中读取真实的客户端 IP 地址，而对于 Tunnel 模式则需要进行一次 IP 地址解封装。

对于 FullNAT 模式，我们可以通过安装内核模块来解决获取真实的客户端 IP 地址的问题。

LVS 针对 TCP 服务中获取真实的客户端 IP 地址的需要实现了 TOA 模块，其主要原理为：Director 通过三次握手的 SYN 包或 ACK、ACK+data 报文将真实的客户端 IP 地址写入 TCP 首部的 option 字段（tcp_fnat_in_handler() 函数），从而传递给后端服务器，后端服务器收到后将其保存在 Socket 中，同时在 getname() 函数下安装钩子函数（TOA 模块），使得应用层在调用 getpeername() 函数或 getsocketname() 函数时，会间接调用 inet_getname_toa() 函数，返回 Socket 中存放的客户端 IP 地址。

针对 UDP 服务中获取真实的客户端 IP 地址的需要，LVS 实现了 UOA 模块。但是，在 LVS 的 UOA 模块中，仅通过在 IP 报文的 IP Options 字段添加真实的客户端 IP 地址信息，对于很多不支持 IP Options 字段的设备不太友好。为此，爱奇艺开源负载均衡方案 DPVS（基于 DPDK 的 LVS 方案）中的 UOA 模块实现了两种方式来获取真实的客户端 IP 地址。

一种方式是将真实的客户端 IP 地址和端口数据（UOA Data）放在 IP 数据报文的 IP Options 字段中（对应 UOA Data 参数 g_uoa_mode = UOA_M_IPO），图 2-5 是 IP Options 字段中存储 UOA Data 的示意图。

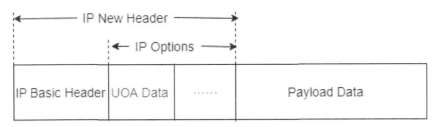

图 2-5　IP Options 字段中存储 UOA Data 的示意图

另一种方式，很多交换机/网络设备对 IP Options 的支持不太好，无法传输 IP Options 的数据报文，所以我们在 DPVS 中引入了一种携带 UOA Data 的新的私有协议供业务选择（对应 UOA Data 参数 g_uoa_mode = UOA_M_OPP），该协议结构如图 2-6 所示。

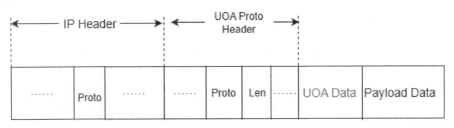

图 2-6　新的私有协议结构

在进行 FullNAT 模式转换之前，Director 通过调用 udp_fnat_in_pre_handler()函数，根据 g_uoa_mode 来选择 UOA Data 的存储方式。如果选择 IP Options 方式，则 Director 会在 IP Options 字段中插入 UOA Data；如果选择私有协议方式，则更新 IP Header 中的 Proto 字段为自定义私有协议号，并将描述 IP 报文 Payload 的协议类型、长度等信息及 UOA Data 插入 IP Header 的后面。此外，对于上述两种方式，如果出现 IP Header

没空间或长度大于 MTU 的情况，则发送带有 UOA Data 的空负载 UDP/IP 包。

当后端服务器收到来自 Director 的数据包时，会调用 UOA 模块在 LOCAL_IN 挂载的钩子函数 uoa_ip_local_in()上处理。该函数调用 uoa_skb_rcv_opt()函数并根据 skb 提供的协议信息调用 uoa_opp_rcv()函数、uoa_iph_rcv()函数及 uoa_parse_ipopt()函数来从数据包中获取其源目的 IP 地址及端口信息，并将其存储到 UOA 内核模块维护的映射表中（映射关系为<Local IP, Local IP PORT, Real Server IP, Real Server IP PORT>到< Client IP, Client IP Port >）。

同时，通过扩展 getsockopt()函数，DPVS 可以使应用程序读取位于 UOA 内核模块中的映射表，返回用户的真实客户端 IP 地址和端口信息。

2.2　七层负载均衡技术

七层负载均衡技术有别于四层负载均衡技术，主要是基于应用层的负载均衡技术。常用的七层负载均衡器主要是针对 HTTP/HTTPS 请求进行负载均衡的。七层负载均衡器要根据应用层的数据来进行一些转发或其他处理，所以它只能先代理后端服务器握手和接收请求，再根据具体的应用层数据进行对应的转发。

本节以 Nginx 作为七层负载均衡器的代表来讨论七层负载均衡技术，主要介绍经典七层负载均衡器 Nginx 的部署架构、Nginx 转发粒度控制及获取真实的客户端 IP 地址和端口信息。

2.2.1　经典七层负载均衡器 Nginx 的部署架构

目前，很多公司将七层负载均衡挂在四层负载均衡的后面，即将七层负载均衡服务器作为四层负载均衡服务器的后端服务器，这样做是完全可行的。首先，能使用七层负载均衡的一定能使用四层负载均衡，七层协议一定是建立在四层协议栈的基础上的；其次，七层负载均衡可以进行集群化管理，可以方便横向扩展；最后，可以统一公司负载均衡的四层网关，以便进行统一化管理。七层负载均衡部署架构如图 2-7 所示。

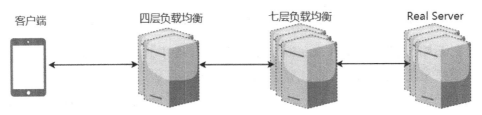

图 2-7 七层负载均衡部署架构

Nginx 作为一款高性能的服务器，常在七层负载均衡场景中用作反向代理。使用 Nginx 做七层负载均衡，可以依托这款高性能的服务器达到理想的效果。由于市面上已有大量 Nginx 的相关书籍，因此这里不再对 Nginx 的基础知识进行详细介绍。

2.2.2 Nginx 转发粒度控制

Nginx 可以配置不同的 server 的域来区分请求，使它们根据不同的转发规则进行转发。另外，每个域下面也有不同的 location 来将请求匹配到不同的转发规则上。我们甚至可以根据不同的请求数据来写一些判断语句进行转发规则的设置。总之，Nginx 拥有丰富的七层可配置逻辑，是一款名副其实的七层负载均衡器。显然，四层负载均衡器是无法拥有这样的功能的。

下面是一种典型的根据域名和 URL 来进行转发规则控制的七层负载均衡配置规则。该配置规则会将发送到 test.iqiyi.com/test 的请求转发给 10.1.1.1:80 服务，代码如下：

```
server {
    listen          80;
    server_name     test.iqiyi.com;

    location /test {
        proxy_pass      http://test_upstream;
    }
}

upstream test_upstream {
    server 10.1.1.1:80 weight=100 ;
    keepalive 32;
}
```

2.2.3　获取真实的客户端 IP 地址和端口信息

一般来说，Socket 层获取客户端 IP 地址都是在握手时从数据包内取出客户端 IP 地址和端口信息。而使用了七层负载均衡器后，由于后台连接完全由七层负载均衡器发起，因此后端服务器看到的客户端 IP 地址和端口信息会变成七层负载均衡器的 IP 地址和端口信息。这个 IP 地址和端口信息不是真实的客户端 IP 地址和端口信息。

在七层负载均衡器这一层，真实的客户端 IP 地址和端口信息是可以被获取的。在通常情况下，我们会把真实的客户端 IP 地址和端口信息设置到一个 HTTP Header 中，这样，后端服务器只要读取 HTTP Header 就可以获取真实的客户端 IP 地址和端口信息。

当七层负载均衡器连接在四层负载均衡器后面时，首先要保证七层负载均衡器可以获得真实的客户端 IP 地址。参照 2.1 节，当四层负载均衡器的后端服务器上的服务为 TCP 服务时，想要获取正式的客户端 IP 地址需要安装 TOA 模块，那么连接在四层负载均衡器后面的七层负载均衡器也需要安装 TOA 模块。

2.3　Real Server 调度算法

上文提到的负载均衡技术均涉及对后端服务器的选择和转发，这是负载均衡技术（包括四层负载均衡和七层负载均衡）中非常重要的一点。本节主要介绍常用的调度算法，这里以爱奇艺在负载均衡方面的实践方案——DPVS 开源软件中的实现为例来进行阐述。

2.3.1　轮询（RR）

轮询算法是最常见的一种负载均衡调度算法，从字面意思即可理解，该算法会依次选择后端服务器进行调度。每台后端服务器都被选择后，该算法会再从头开始重新轮流选择一遍。

下面给出 DPVS 中轮询算法的核心代码：

```
// DPVS 轮询算法
static struct dp_vs_dest *dp_vs_rr_schedule(struct dp_vs_service *svc,
                                    const struct rte_mbuf *mbuf)
{
```

```c
    struct list_head *p, *q;
    struct dp_vs_dest *dest;

    rte_rwlock_write_lock(&svc->sched_lock);

    p = (struct list_head *)svc->sched_data;
    p = p->next;
    q = p;

    do {
        // 跳过链表头节点
        if (q == &svc->dests) {
            q = q->next;
            continue;
        }

        dest = list_entry(q, struct dp_vs_dest, n_list);
        if (!(dest->flags & DPVS_DEST_F_OVERLOAD) &&
            (dest->flags & DPVS_DEST_F_AVAILABLE) &&
            rte_atomic16_read(&dest->weight) > 0)
            // 查找到了可用的后端服务器
            goto out;
        q = q->next;
    } while (q != p);
    rte_rwlock_write_unlock(&svc->sched_lock);

    return NULL;

out:
    svc->sched_data = q;
    rte_rwlock_write_unlock(&svc->sched_lock);

    return dest;
}
```

2.3.2　加权轮询（WRR）

当后台服务器一台是物理机，另一台是单核的虚拟机时，两者的吞吐能力显然不是一个数量级的。这时使用轮询算法对后端服务器进行调度显然不合适。加权轮询算法就显现出了它的优势，它可以根据后台服务器的吞吐能力来分配不同的权重。

首先，在所有的服务器的权重中求出最大公约数和最大权重，并记录下来。其中，当前权重 cw 事实上在第一次调度时会被设置成最大权重 mw，代码如下：

```
static int dp_vs_wrr_init_svc(struct dp_vs_service *svc)
{
    struct dp_vs_wrr_mark *mark;

    // 使用加权轮询（WRR）算法为 mark 变量分配内存空间
    mark = rte_zmalloc("wrr_mark", sizeof(struct dp_vs_wrr_mark),
RTE_CACHE_LINE_SIZE);
    if (mark == NULL) {
        return EDPVS_NOMEM;
    }
    mark->cl = &svc->dests;
    mark->cw = 0;
    mark->mw = dp_vs_wrr_max_weight(svc);
    mark->di = dp_vs_wrr_gcd_weight(svc);
    svc->sched_data = mark;

    return EDPVS_OK;
}
```

当要调度后端服务器时，开始轮询后端服务器的权重，当找到第一个比 cw 大的权重时，就停止搜索，直接选中该后端服务器。当轮询一遍后又到达最大的权重的服务器时，cw 需要减去最大公约数，然后继续遍历搜索，此过程的核心代码如下：

```
// DPVS 加权轮询（WRR）算法
static struct dp_vs_dest *dp_vs_wrr_schedule(struct dp_vs_service *svc,
                                const struct rte_mbuf *mbuf)
{
    struct dp_vs_dest *dest;
```

```
struct dp_vs_wrr_mark *mark = svc->sched_data;
struct list_head *p;
```

// 这个循环能终止退出，因为当前权重 mark->cw 的范围是 (0, max_weight]，且至少有一个后端服务器的权重等于 max_weight

```
rte_rwlock_write_lock(&svc->sched_lock);
p = mark->cl;
while (1) {
    if (mark->cl == &svc->dests) {
        // 后端服务器链表的头

        if (mark->cl == mark->cl->next) {
            dest = NULL;
            goto out;
        }

        mark->cl = svc->dests.next;
        mark->cw -= mark->di;
        if (mark->cw <= 0) {
            mark->cw = mark->mw;
            // 当权重为 0 时，说明没有可用的后端服务器
            if (mark->cw == 0) {
                mark->cl = &svc->dests;
                dest = NULL;
                goto out;
            }
        }
    } else
        mark->cl = mark->cl->next;

    if (mark->cl != &svc->dests) {
        // 确认不是后端服务器链表头节点
        dest = list_entry(mark->cl, struct dp_vs_dest, n_list);
        if (!(dest->flags & DPVS_DEST_F_OVERLOAD) &&
            (dest->flags & DPVS_DEST_F_AVAILABLE) &&
```

```
                    rte_atomic16_read(&dest->weight) >= mark->cw) {
                // 找到正确的后端服务器
                break;
            }
        }

        if (mark->cl == p && mark->cw == mark->di) {
            // 如果没有后端服务器，则返回开始位置，这种情况只发生在所有后端服务器
超载时
            dest = NULL;
            goto out;
        }
    }

      out:
    rte_rwlock_write_unlock(&svc->sched_lock);

    return dest;
}
```

需要注意的是，每次修改 RS，都要重新生成最大公约数和最大权重值。

2.3.3　最少连接调度（LC）

最少连接调度一般是针对四层负载均衡的调度算法。它根据当前四层负载均衡和后端服务器之间的连接数量（包含活跃连接和非活跃连接）来选择一个连接最少的后端服务器进行调度。该调度算法的实现较为简单，只要能实时读出每台后端服务器的当前连接数目即可。该算法的代码会合并到下一节来解释。

2.3.4　加权最少连接调度（WLC）

加权最少连接调度是对最少连接调度的一种升级，即认为每台服务器可承受的最大连接数目是不一样的，可以自由地分配每个 RS 的权重，以当前连接/权重值最小的服务器作为调度目标。加权最少连接调度算法的核心代码如下：

```
static struct dp_vs_dest *dp_vs_wlc_schedule(struct dp_vs_service *svc,
```

```
                                          const struct rte_mbuf *mbuf)
{
    struct dp_vs_dest *dest, *least;
    unsigned int loh, doh;

    // 利用后端服务器的并发压力（dest overhead）和其权重的比值来衡量它的工作负载
    // 当权重为 0 时，后端服务器保持静默，且不会接收任何新的连接请求

    list_for_each_entry(dest, &svc->dests, n_list) {
        if (!(dest->flags & DPVS_DEST_F_OVERLOAD) &&
            (dest->flags & DPVS_DEST_F_AVAILABLE) &&
            rte_atomic16_read(&dest->weight) > 0) {
            least = dest;
            loh = dp_vs_wlc_dest_overhead(least);
            goto nextstage;
        }
    }
    return NULL;

    // 查找并连接后端服务器
nextstage:
    list_for_each_entry_continue(dest, &svc->dests, n_list) {
        if (dest->flags & DPVS_DEST_F_OVERLOAD)
            continue;
        doh = dp_vs_wlc_dest_overhead(dest);
        if (loh * rte_atomic16_read(&dest->weight) >
            doh * rte_atomic16_read(&least->weight)) {
            least = dest;
            loh = doh;
        }
    }

    return least;
}
```

2.3.5　一致性哈希（CONNHASH）

在很多场景下，我们希望同一个客户端的请求落到同一台后端服务器中，这时就会用到哈希算法。常用的哈希算法通常都会在后端服务器变动后重新统计一下哈希结果。比如，当一台后端服务器宕机后，我们会重新计算客户端的分布，把不同的客户端请求重新分配到剩下的正常服务的后端服务器上。但是，这常常会影响其他提供正常服务的后端服务器。在理想的情况下，我们不希望使已有的分布好了的客户端请求受到影响。又如，我们提供了一个有状态的数据库服务，多台后端服务器各自维护自己关联的客户端的数据。当一台后端服务器宕机后，受到影响的应该只有连接这台后端服务器的客户端。但是，传统的哈希算法会对所有的客户端再进行一次哈希分布，正常提供服务的后端服务器的连接也要重新分配。这会导致大量的客户端受到影响，很多数据无法同步。这对很多服务来说是不可接受的。有没有一种办法可以使其他不变的后端服务器通过哈希算法映射到一样的位置呢？在这种场景下，一致性哈希算法应运而生。

一致性哈希算法由麻省理工学院的 Karger 等人提出。由于目前有很多一致性哈希算法的资料，所以下面针对一些概念进行简单的阐述，希望有助于读者理解一致性哈希算法。

1. 哈希环

将从 $0 \sim 2^{32}-1$ 的哈希键值依次分布到一个哈希环上。其中，0 和 $2^{32}-1$ 首尾相接，如图 2-8 所示，所有经过哈希算法处理后的数据的键值都会分布到哈希环上。

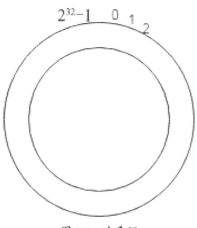

图 2-8　哈希环

2. 哈希环的映射

假设有 4 个客户端，则经过哈希算法处理后，分布到哈希环上的键值分别是 key1、key2、key3、key4，如图 2-9 所示。

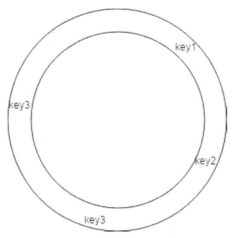

图 2-9 哈希环：4 个客户端

同时，有 3 台服务器，通过一定的哈希算法映射到哈希环上，即 S1、S2、S3，如图 2-10 所示。

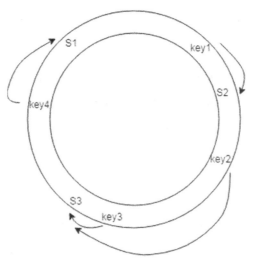

图 2-10 哈希环映射

4 个客户端顺时针查找离自己键值最近的服务器键值，即可找到对应的服务器。假设服务器 S1 宕机了，则只有之前落到服务器 S1 的客户端 key4 才会受到影响，它会落到服务器 S2。其他的客户端都还是如之前一样落到相应的服务器。假设在客户端

key2 和 key3 之间增加了一台服务器 S4，则只有客户端 key2 才会受到影响，它会落到服务器 S4。假设在服务器 S3 和客户端 key4 之间增加一台服务器 S4，则不会有客户端会落到服务器 S4。

从上面的实例中可以看出，通过一致性哈希算法处理得到的部分在很多时候是不均匀的。为此，一致性哈希算法引入了虚拟节点的概念。每台真实的服务器拥有多个虚拟节点。落到虚拟节点的服务器可以找到对应的真实服务器。虚拟节点的均匀分布可以大大减少大量的客户端落到单个虚拟节点上的可能性。

如图 2-11 所示，当某个客户端映射到哈希环上的 key$n$ 想找到自己对应的服务器时，它会依照一致性哈希算法先找到 VS3 这个虚拟节点，再根据虚拟节点的映射关系找到对应的真实的服务器 Sn。

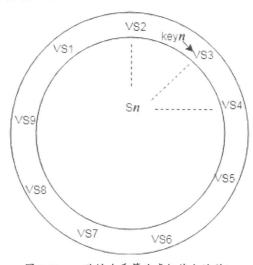

图 2-11　一致性哈希算法虚拟节点的引入

2.3.6　连接模板

连接模板是一种特殊的调度算法。它的存在主要是配合其他的调度算法去实现类似哈希算法。即在不改变当前调度算法的前提下，将来自同一个客户端的请求转发到同一台服务器。

当客户端连接到负载均衡器时，新建的连接模板会记录这个请求的来源、分配到的后端服务器、模板需要保持的时间。例如，设置模板需要保持的时间是 300s，如果在 300s 内有接收到来自同一个客户端的请求，则走这个连接模板调度的后端服务器，同时把这个连接模板的超时时间再重置为 300s。如果 300s 内没有来自模板内客户端的数据包，则释放连接模板。当下次再有之前的客户端请求时，重新调度后端服务器，就不能再保证和之前调度的后端服务器是一致的了。

第 3 章　负载均衡功能

互联网在过去二十年的发展速度着实令人惊叹。据 2018 年 We Are Social 和 Hootsuite 的全球数字报告显示，全球使用互联网的网民数量已经超越了 40 亿人，而同期的全球人口数量大约为 76 亿人。来自 GlobalWebIndex 的数据显示，用户现在每天花费在互联网上的时间平均为 6 个小时——这大概是每个人醒着的时间的三分之一。如果将全球网民 40 亿人全年上网的时间加起来，则在 2018 年我们在网上总共花费的时间是十亿年（见链接[4]）。在国内，根据中国互联网络信息统计中心发布的报告显示，我国网民数量已从 2002 年的 5910 万人迅速增长到 2018 年的 8.02 亿人，互联网普及率达到 57.7%（见链接[5]）。

如此大规模的网民数量对大型网站的性能提出了前所未有的挑战。大家是否想过，当我们打开视频网站看一部正在热播的影视剧时，当我们使用计算机准备抢购春节回家的火车票时，当我们"双 11"零点激动地清空自己的购物车时，可能有数千万的人正和你在同时使用这些网站提供的服务。千万数量级的并发访问已超出单台应用服务器设备的处理能力，如何设计服务架构，把大并发的请求分散到不同的应用服务器群上处理，保证应用服务器不会因过载而宕机？当应用服务器因升级或故障而中断时，如何保证服务的连续性，做到提供 7×24 小时的可靠服务？当热点事件导致服务访问量迅速增加时，如何在不中断服务的前提下进行快速高效的扩容，让服务具有良好的可扩展性能和弹性伸缩性能？所有这些问题的答案，都可以在本章介绍的负载均衡的功能中找到。

本章首先会详细介绍负载均衡的一些基本功能特性，包括虚拟 IP、流量均衡、反向代理、SNAT 访问等，并相应给出典型的实现架构，在此基础上会深入探讨负载均衡高可用性问题和集群化方法，还会讨论负载均衡集群和应用服务器的高扩展性能的具体实现，最后介绍使用 BGP Anycast 实现多 IDC 负载均衡和机房灾备这种跨机房、跨地区的高可用性解决方案。

3.1　基本功能特性

我们可以使用手机、iPad、计算机和各种智能终端设备通过连接互联网享用各种各样的网络服务。在使用这些网络服务时，互联网另一端的一些网络设备正在转发、处理、响应网络请求。这些网络设备大多分散在不同地区的数据中心（IDC）内部，通过网络连接在一起，共同承担着服务数以千万个用户网络访问的任务。图 3-1 所示为 3 种基本的 IDC 内部设备网络访问需求。

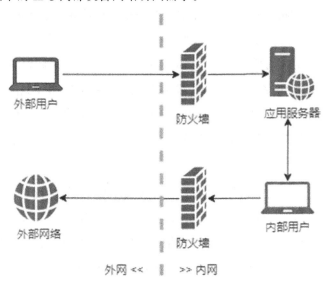

图 3-1　3 种基本的 IDC 内部设备网络访问需求

- 外部用户访问 IDC 内部的应用服务器：外部用户→防火墙→应用服务器，如用户登录自己的应用账户。

- IDC 内部用户访问外部网络上的资源：内部用户→防火墙→外部网络，如在 IDC 内部开发测试机中安装外部的软件依赖包。

- IDC 内部用户访问 IDC 内部应用服务器上的服务：内部用户→应用服务器，
  如 Web 应用访问 IDC 的数据库服务。

需要注意的是，上面提到的"外部用户"和"内部用户"可以是真实的用户客户端，也可以是依赖于该"应用服务器"的其他服务。比如，一个 Web 服务需要访问数据库服务获取其依赖的数据，在这种情况下，"用户"是 Web 服务，"应用服务器"是数据库服务。

显然，前两种网络访问需求是跨网访问，用户和服务器的 IP 地址在不同网段，要求用户和服务器能跨网连接；而第三种网络访问需求在 IDC 内部，用户和服务器的 IP 地址很可能在同一个网段，只需要实现 IDC 内网互联即可访问。

3 种基本的 IDC 内部设备网络访问需求恰好对应了大并发、大流量环境下负载均衡的 3 种最基本的功能。

- 提供外网 VIP 和流量均衡。

- 提供内网 VIP 和 IDC 内部服务。

- 使用 SNAT 集群提供外网访问

本节会首先介绍负载均衡的几种常见的网络结构，然后在此基础上阐述负载均衡的 3 种基本功能，并给出一种使用负载均衡 SNAT 功能使无外网接入的 IDC 访问外网的解决方案，最后简单介绍负载均衡可以附带实现的服务隔离和安全控制功能。

3.1.1　负载均衡器的网络结构

为了发挥负载均衡的作用，负载均衡器需要放置在应用服务器前面，一般设置在 IDC 防火墙后方、与 IDC 入口相邻的位置。图 3-2 所示为负载均衡器的网络结构。在 IDC 内部，多组应用服务器连接在负载均衡器的后端，当用户请求应用服务器的数据时，负载均衡器会按照一定的策略把用户请求分发到不同的应用服务器，从而实现用户负载向多台应用服务器的分流。当某台应用服务器因为故障或升级需要中断服务时，只需要把应用服务器的服务关闭，负载均衡器就会主动检测到该应用服务器的服务不可用，并停止向该应用服务器转发用户请求；当应用服务器的服务恢复后，负载均衡器会自动检测到该服务已恢复，并恢复向该应用服务器转发用户请求。可以看到，在接入负载均衡器后，应用服务器的单点故障不会造成服务中断，提高了业务的连续性和可靠性。当服务的用户访问量增加，需要后端服务扩容时，只需要部署好新的应用服务器，并把它接入负载均衡器的后端，即可实现应用服务的平滑扩容，从而提升应用服务的弹性负载能力。

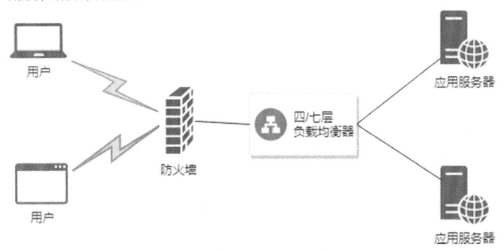

图 3-2　负载均衡器的网络结构

负载均衡器按照工作方式可以分为四层负载均衡器和七层负载均衡器。四层负载均衡器工作在 OSI 参考模型的传输层和网络层，根据用户源 IP、端口和服务的目标 IP、端口转发数据包到后端应用服务器，典型的实现是 Linux Kernel 实现的 LVS；七层负载均衡器工作在 OSI 参考模型的应用层，可以根据应用协议转发用户请求到后端应用服务器，典型的实现有 Nginx、HAProxy 等。四层负载均衡器性能高、通用性好，可以支持多种应用层协议，但灵活性差；七层负载均衡器可以实现应用协议相关的转发，如 Web 服务器广泛使用 HTTP/HTTPS 协议，使用 Nginx 负载均衡器可以通过匹配多个 location 定义多台虚拟服务器，在四层负载均衡器实现 IP 地址、端口转发的基础上进行进一步的细分。在一般情况下，只使用七层负载均衡器就可以满足多数中、小并发的服务。如果更注重性能而没有应用转发的需求，也可以只使用四层负载均衡器。对于大并发的负载均衡需求，我们常常采用多级负载均衡器的网络结构，如图 3-3 所示。

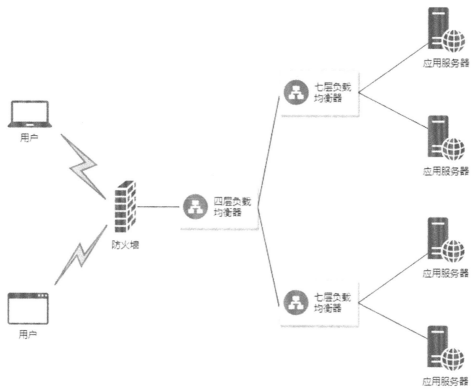

图 3-3　多级负载均衡器的网络结构

在多级负载均衡的网络结构中，四层负载均衡器的后端不再是应用服务器，而是七层负载均衡器。这样，七层负载均衡器作为四层负载均衡器的后端应用服务器，自然具有了四层负载均衡器后端服务的功能，即我们不仅可以把负载通过四层负载均衡器转发到不同七层负载均衡器实现七层负载均衡的负载分流，而且可以赋予七层负载均衡器自动上下线和弹性扩容的能力。因此，多级负载均衡器的网络结构结合了四层负载均衡器的高性能和七层负载均衡器的高灵活性的优点。需要注意的是，当应用服务器的服务因故障中断后，四层负载均衡器仍然会将用户请求转发到七层负载均衡器；只有当该七层负载均衡器后面的所有服务器因故障中断，七层负载均衡器需要把该服务对应的 IP 地址和端口设置为"下线"状态后，四层负载均衡器才会停止向该七层负载均衡器转发用户请求。然而，下线七层负载均衡器的地址或关闭对应的服务器端口一般不能自动完成，而且在七层负载均衡器中可能会有多个虚拟服务共用同一个 IP 地址和端口。例如，一台 Nginx 服务器监听 80 端口，并在该端口定义了多个虚拟服务，当其中一个虚拟服务的所有后端应用服务器出现故障后，并不能简单地关闭 Nginx 服务器（下线 IP 地址）或关闭其 80 端口。因此，当使用这种多级负载均衡器的网络结构时，需要保证七层负载均衡器后面的每一组应用服务器都不会出现全部发生故障或者同时下线的问题。

使用 SNAT 为 IDC 内部用户提供外网访问能力是负载均衡器的一个基本功能，这种服务的网络结构如图 3-4 所示。与前两种网络结构不同，SNAT 服务的发起方（用户）来自 IDC 内部，访问对象是外部网络服务。因此，也可以把 SNAT 看作"反向"的负载均衡。出于对内部设备硬件配置、IP 利用、安全控制等因素的考虑，一般不允许 IDC 内部的设备直接访问外部网络（外网）。然而，很多内部设备都有访问外网的需求。比如，有很多服务需要定期同步第三方合作伙伴的配置，然后下载更新相应的数据。为了给这些内部设备提供外网访问能力，常用的做法是在 IDC 防火墙后面使用负载均衡器构建能直接访问外网的 SNAT 服务器集群，然后将需要访问外网的设备通过路由或其他形式把数据包引入该 SNAT 服务器集群，SNAT 服务器会根据负载均衡转发规则把外网访问请求转发到外部网络；外部网络的响应数据也会在穿过 IDC 防火墙后传到 SNAT 服务器，然后由 SNAT 服务器转给发起请求的内部用户。

图 3-4　SNAT 的网络结构

最后需要说明的是，本节介绍的 3 种负载均衡的网络结构均是以单台负载均衡器的形式进行分析的。在实际生产环境中，每个负载均衡器节点其实都是以多台负载均衡器构建的集群形式存在的，从而确保应用服务不会因为单台负载均衡器发生故障而出现不可用的问题。关于负载均衡器的集群化，在本章后续小节会详细介绍。

3.1.2　提供外网 VIP 和流量均衡

本节主要分析用户和其需要访问的服务所在网络不同时负载均衡器的作用，其中最常见的一种场景就是用户在外网中而应用服务器在企业内网中的情况。

我们知道，在互联网中传输的数据都需要被封装成 IP 包，然后经过路由选路最终到达目标 IP 地址所在的网络设备。在一般情况下，目标 IP 地址指示的设备都是唯一的、确定的。如果用户通过应用服务器的 IP 地址直接访问应用服务器，那么我们将面对的一个问题是：如果一个服务是由多台应用服务器提供的，用户究竟要选择哪一台应用服务器的 IP 地址作为目标 IP 地址？也许有人回答说，我们可以把所有应用服务器的 IP 地址都写在 DNS 中，让用户访问域名而非特定的 IP 地址，通过 DNS 轮询的方式可以自动为用户选择合适的目标服务器 IP 地址。这确实是一种不错的方式，而且 DNS 轮询本质上也是一种负载均衡技术。但是，使用 DNS 轮询方式一般难以对后端应用服务器的状态进行基础的健康检查，当某台应用服务器故障宕机时往往需要人工干预才能摘除故障机器。更糟糕的是，由于 DNS 系统存在缓存，故障服务器从 DNS 的配置中摘除后需要等到缓存失效后，才会停止向故障服务器转发用户请求，而这期间所有转发到该故障服务器上的用户请求都会失败。

引入负载均衡器后，这个问题就会迎刃而解。我们把多台应用服务器配置在负载均衡器后端，当用户访问时，目标地址不是使用某台应用服务器的 IP 地址，而是使用负载均衡器上的 IP 地址。这样，用户访问的目标就由应用服务器变成了负载均衡器，然后由负载均衡器决定把该用户访问交由哪一台应用服务器处理。需要注意的是，前文说的是"负载均衡器上的 IP 地址"，而非"负载均衡器的 IP 地址"。这是因为在负载均衡器上，我们一般使用虚拟 IP 地址（VIP）作为用户访问应用服务的入口地址。使用虚拟 IP 地址而非负载均衡器的真实 IP 地址的主要原因如下。

- 负载均衡器的高可用性（High Availability，HA）要求：回顾 3.1.1 节介绍的负载均衡器的网络结构，负载均衡器位于一个网段的流量入口位置，如果负载均衡器发生故障，则可能会导致整个网络的服务不可用。因此负载均衡器在实际生产环境中都是需要做到 HA 的。HA 要求单台负载均衡器设备发生故障时，业务流量能自动切换到其他负载均衡器上，也就是要求作为应用服务访问入口的 IP 地址切换到其他负载均衡器上，或者同时配置在多台负载均衡器上。如果想要实现 IP 地址在多台设备之间的转移，或者同时配置在多台设备上而不发生地址冲突，则只能使用虚拟 IP 地址。

- 业务隔离的需要：我们在后面会知道，采用负载均衡模式提供的服务性能是远高于单台应用服务器的性能的。在这种情况下，我们必然会想到把不同的服务部署在同一台负载均衡器上以实现资源的有效利用。为了做到业务隔离，我们希望每个业务的访问入口 IP 地址都不相同。这就导致一台负载均衡设备上可能配置很多个 IP 地址。网络设备的实体 IP 地址一般是唯一的，我们不可能为每个业务在负载均衡器上配置一个实体 IP 地址，但在一个网络设备上配置多个虚拟 IP 地址是很常见的，所以采用虚拟 IP 地址作为应用服务的入口地址可以兼顾负载均衡器的利用效率和业务隔离。

> 虚拟 IP 地址（Virtual IP Address，VIP）是指不与一个特定的网络设备或网络设备的网络接口卡（NIC）相连的 IP 地址，它是相对实体 IP 地址而言的。在配置上，在一个特定的网络内部，设备的实体 IP 地址只能配置在一个网络接口上，否则会产生 IP 地址冲突的问题。但虚拟 IP 地址通常配置在多个网络接口上，以此实现链路冗余和高可用性。为了让一个 IP 地址作为虚拟 IP 地址配置在多个网络接口上而不发生地址冲突，需要依赖一些相关的技术协议，其中常用的包括虚拟路由冗余协议——VRRP（见链接[6]）和等价多路径路由协议——ECMP（见链接[7]），这两种协议对应的软件实现分别是 Keepalived 和 Quagga。本章后续小节会介绍使用这两种协议来实现负载均衡器的集群化。

我们已经知道，当用户请求一个应用服务时，其访问的是负载均衡器上的 VIP。那么思考一下，在负载均衡器将用户请求转发到其中一个应用服务器上时，应用服务器完成用户请求的处理后会如何把对应的响应数据传给用户？按照对这个问题的不同处理方式，外网负载均衡器可以分成两类：直接应答式外网负载均衡器和 NAT 应答式外网负载均衡器。

直接应答式外网负载均衡器的工作原理如图 3-5 所示。①当外网用户请求穿过内网防火墙访问负载均衡器上的业务 VIP 时；②负载均衡器按照一定的策略选择一台应用服务器并将用户请求转发给它；③应用服务器处理完用户请求后，将响应数据直接发给外网用户。这种负载均衡器只有入口（inbound）方向的请求流量，没有出口（outbound）方向的响应流量，特别适合用于响应数据量很大的应用服务，如文件下载、CDN 视频和图片分发等。这种负载均衡器的缺点是对外网用户暴露了应用服务器，而且应用服务器需要有外网访问权限。让应用服务器获得外网访问权限，一般有两种方法：一种方法是配置独立的外网 IP 地址；另一种方法是使用

SNAT 访问外网。显然，使用 SNAT 访问外网的方法更安全一些，因为在这种情况下对外网用户暴露的 IP 地址不是应用服务器本身的 IP 地址，而是 SNAT 服务器的外网出口地址。

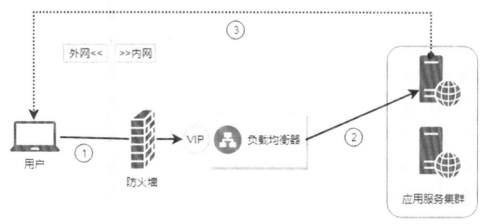

图 3-5　直接应答式外网负载均衡器的工作原理

NAT 应答式外网负载均衡器的工作原理如图 3-6 所示。①当外网用户请求穿过内网防火墙访问负载均衡器上的业务 VIP 时；②负载均衡器按照一定的策略选择一台应用服务器并将用户请求转发给它；③应用服务器处理完用户请求后，将响应数据发送到负载均衡器；④负载均衡器将响应数据转发给外网用户。这种负载均衡器既有 inbound 方向的请求流量，也有 outbound 方向的响应流量，因此性能相对于直接应答式负载均衡器的性能要差一些。由于在 inbound 方向做了 DNAT 转换，在 outbound 方向做了 SNAT 转换（也有可能在两个方向上同时做了 DNAT 转换和 SNAT 转换，即 FullNAT 转换），所以应用服务器不需要暴露给外网用户，也不要求有外网访问权限。使用 NAT 应答式外网负载均衡器的优点是能节省外网 IP 地址，因为如果没有负载均衡器，则每个应用服务器都需要外网 IP 地址，而使用负载均衡器后，只需要为少量负载均衡器配置外网 IP 地址即可。从结构上来看，NAT 应答式外网负载均衡器一侧连接外网，另一侧连接内网，承担两个不同网络连接纽带的功能，我们称这种负载均衡器为"双臂"（two-arms）负载均衡器。从用户角度上来看，负载均衡器成为应用服务器的反向代理服务器，负载均衡器对外网用户而言成为真正的"目标服务器"，所以我们也称这种负载均衡器为"反向代理"负载均衡器。

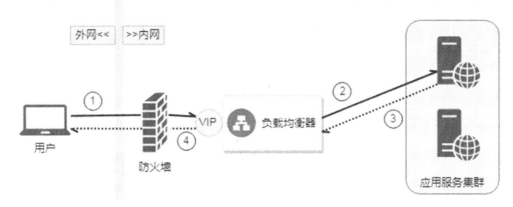

图 3-6　NAT 应答式外网负载均衡器的工作原理

正向代理和反向代理

　　正向代理服务器是代理客户端向目标服务器发送请求的中间服务器。为了从目标服务器获取内容，客户端需要先向中间服务器发送请求，并指定目标服务器，然后中间服务器把客户端请求转交给目标服务器，并且将获取的内容返回客户端。正向代理一般需要客户端进行特定的设置才能工作。

　　反向代理服务器是代理目标服务器接收客户端请求的中间服务器。对客户端而言，反向代理服务器就好像是目标服务器，反向代理服务器会把客户端请求转发给目标服务器，并将目标服务器的响应内容发送给客户端。当使用反向代理服务器时，客户端不需要任何设置，而且客户端完全不会感知到反向代理服务器的服务。

　　简单来说，正向代理是代理客户端，为客户端收发请求，使真实客户端对服务器不可见；反向代理是代理服务器端，为服务器收发请求，使真实服务器对客户端不可见。

3.1.3　提供内网 VIP 和 IDC 内部服务

　　现在，复杂的网络应用都是建立在很多底层服务的基础上的，所以在同一个 IDC 内部不同服务一般存在着依赖关系。比如，Web 应用服务会依赖数据库服务，支付服务会依赖安全服务，会员服务会依赖用户认证服务，等等。因此，除了外部用户与各种各样的网络应用服务之间的跨网络通信需求，在 IDC 内部网络中还普遍存在着大量的服务依赖之间的数据通信需求。由于这种通信需求不需要跨网络进行，所以可以使用 IDC 内部的私有地址进行通信，但要求比外网服务的通信质量更高、速度更快。

负载均衡器也可以用于内部服务，为内部服务提供内网 VIP 地址和流量均衡功能，解决单台内网应用服务器性能问题。与外网负载均衡器类似，内网负载均衡器根据应用服务器响应用户请求方式的不同，可以分为直接应答式内网负载均衡器和 NAT 应答式内网负载均衡器。

直接应答式内网负载均衡器的工作原理如图 3-7 所示。①当内网用户请求负载均衡器上的业务 VIP 时；②负载均衡器按照一定的策略选择一台内网应用服务器并将用户请求转发给它；③应用服务器处理完用户请求后，将响应数据直接发送给内网用户。这种负载均衡器只有 inbound 方向的请求流量，响应数据由应用服务器直接返回给用户，性能比较高。由于在 IDC 内部网络中向内部用户暴露应用服务器一般不会造成太大的安全隐患，所以这种负载均衡器在 IDC 内部服务中应用很广泛。需要注意的是，在比较复杂的内网环境（多个不同物理位置的 IDC 通过内网专线连接构成的一个大的企业内网）中，内部用户和应用服务集群可能不在同一个 IP 子网中，因此必须保证应用服务器到内部用户的路由可达，否则响应数据将无法返回给用户。

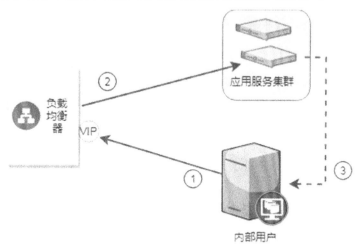

图 3-7　直接应答式内网负载均衡器的工作原理

NAT 应答式内网负载均衡器的工作原理如图 3-8 所示。①当内网用户请求负载均衡器上的业务 VIP 时；②负载均衡器按照一定的策略选择一台内网应用服务器并将用户请求转发给它；③应用服务器处理完用户请求后，将响应数据发回到负载均衡器；④负载均衡器将响应数据转发给内网用户。这种负载均衡器请求流量和响应流量都经过了内网接口的 inbound 和 outbound 两个方向，性能比直接应答式内网负载均衡器要差一些。但是，由于进行了 NAT 模式或 FullNAT 模式转换，这种负载均衡器对 IDC 内部网络环境要求较低，在部署和管理上相对有优势，所以在性能要求不高且 IDC 网络比较复杂的内网服务中有很多应用。从结构上来看，NAT 应答式内网负载均衡器两侧连接的是同一个内网，我们称这种负载均衡器为"单臂（one-arm）"负载均衡器。从用户角度上来看，NAT 应答式内网负载均衡器也是一种反向代理服务器。最后，需要指出的一点是，NAT 应答式内网负载均衡器可以实现四层端口的变换，配置时允许 VIP 和应用服务器的四层端口不同，当负载均衡器转发用户请求时会把 VIP 对应的 TCP/UDP 四层端口转换为应用服务器对应的服务器端口，从而为通过 VIP 端口细分不同应用服务提供了可能。比如，用户访问 HTTP 服务时使用标准的 80 端口，而负载均衡器后端的应用服务器真正的服务器端口可能是 8080。

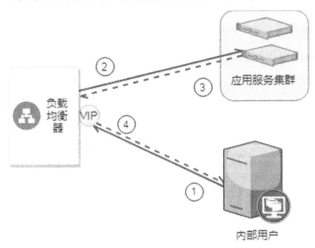

图 3-8　NAT 应答式内网负载均衡器的工作原理

3.1.4　使用 SNAT 集群提供外网访问

SNAT（Source Network Address Translation，源地址转换）的作用是为私有网络内的用户提供一种访问外部网络的方法。SNAT 服务位于外部网络和私有网络之间，一边连接私有网络与内部用户通信，另一边连接外部网络获取外部资源。因此，SNAT 在本质上是一种"双臂"的网络结构。内部用户通过 SNAT 不能直接访问外网的主要原因如下。

- 用户设备网卡的限制：直接访问外网需要用户设备有外网网卡，而一般为了节省资源，内部用户只配备内网网卡。

- 外网 IP 地址的限制：外网 IP 地址一般是需要申请才能使用，而且数量是非常有限的（如 IPv4 外网地址已经几乎耗尽），为每个内部用户配置独立的外网 IP 地址会大量消耗 IP 地址的资源。

- 安全控制的考虑：内网用户访问外网资源有一个统一的 SNAT 出口，更容易制定访问外网的策略，控制访问风险，如设置黑名单、流量控制等。

SNAT 起什么作用呢？想象一下，当内部用户要访问外部资源时，用户以自己的内网 IP 地址作为源地址，以要访问的资源的外网 IP 地址作为目标地址。假如不经过 SNAT 转换，请求即使能到达目标服务器并且被成功处理，目标服务器的响应也无法返回给内部用户。这是因为响应数据的目标地址是私有 IP 地址，这种数据包在互联网上是不允许被转发的。所以，当内部用户请求外网资源时，SNAT 服务器需要把请求数据包中的源 IP 地址替换为 SNAT 服务器的外网 IP 地址；SNAT 收到响应数据包后，再把响应数据包中的目标 IP 地址替换为内部用户的 IP 地址。这就是 SNAT 地址转换过程。需要注意的是，为了让 SNAT 服务多个内部用户，SNAT 地址转换时也会变换请求数据包的源端口和响应数据包的目标端口。

常见的 SNAT 的服务实现方法有两种：一种是使用 Linux 实现的 iptables，另一种是使用负载均衡器。iptables 是基于 Linux 内核的 Netfilter 架构实现的，配置灵活，功能非常强大，但性能相对于负载均衡器的实现较差。图 3-9 所示为 SNAT 负载均衡器的工作原理。①内部用户通过一定的方式访问 SNAT 负载均衡器；②SNAT 负载均衡器把 IP 数据包中的源地址改成自己的外网 IP 地址，并将数据包透过防火墙发送到外部网络；③外部网络的服务器处理完用户请求后，并把响应数据透过内网防火墙传回 SNAT 负载均衡器；④SNAT 负载均衡器将 IP 数据包的目标地址转换为内部用户的 IP 地址后把响应数据包传送给内部用户。可能已经有人注意到，图 3-9 中的 SNAT 服务器上配置了内网 VIP 地址，但用户在①中访问的目标 IP 地址并非该 VIP 地址，而是外网资源的 IP 地址，而且这个 VIP 地址也没有参与地址转换，参与地址转换的是 SNAT 服务器的外网 IP 地址。那么，这个 VIP 地址有什么作用呢？其实，这个 VIP 地址在引导内部用户访问 SNAT 服务器的过程中起到了关键作用。我们在①中提到内部用户会通过"一定的方式"访问 SNAT 服务器，总结起来主要有如下两种方式。

- 直接路由方式：内部用户和 SNAT 服务器在同一个 IP 地址段，内部用户将该 VIP 地址设置为外网路由的下一跳。

- 隧道方式：内部用户和 SNAT 服务器不在同一个 IP 地址段，内部用户与 SNAT 服务器的 VIP 地址建立隧道，并将隧道指定为外网访问的出口设备。

图 3-9　SNAT 负载均衡器的工作原理

3.1.5　使用 SNAT 隧道服务无外网出口的 IDC

我们知道，计算、存储和网络是一个 IDC 提供的 3 种基础服务。然而，对于一个拥有多个 IDC 的企业或组织，并非所有的 IDC 都有外网出口。在大数据时代背景下，云数据中心可以把海量数据的存储、计算和分析等内部服务放在没有外网出口的数据中心，把外网数据接口等外部服务放在其他有外网出口的数据中心，两种数据中心之间通过高带宽、低延时的内网专线连接。由于这种实现方案减少了 IDC 运营商网络的接入，所以节省了 IDC 建设成本。虽然内网 IDC 的服务不能被外网用户直接访问，但是内网 IDC 的服务器和用户可能有主动访问外网的需求（如下载一个内网资源库中没有的软件包）。SNAT 负载均衡器结合隧道技术是实现这类用户需求的一种常见的解决方案。

网络隧道技术是指利用一种网络协议来传输另一种网络协议，它是一种数据包封装技术，把原始数据包作为封装在另一个数据包的数据净荷（Data Payload）进行传输。使用网络隧道技术的原因是为了实现在不兼容的网络上传输数据，或者在不安全的网络上提供一个安全路径。简单来说，通过网络隧道技术，可以使隧道两端的网络组成一个更大的内部网络。

图 3-10 所示为使用 SNAT 隧道服务无外网出口的 IDC 的一种典型的服务架构。SNAT 隧道服务部署在有外网出口的 IDC-1 上，内部用户位于无外网出口的 IDC-2 上。为了让内部用户获得外网访问权限，我们在 IDC-2 中设置了网关设备，网关设备通过通用路由封装协议（Generic Routing Encapsulation，GRE）隧道（见链接[8]）与 IDC-1 内的 SNAT 服务器进行网络连接。另外，为了限制内部用户的外网访问，SNAT 网关设置了源路由规则，只有满足网关源路由规则的内部用户才能通过隧道访问 SNAT 服务，进而访问外网资源。使用这种服务架构，无外网出口的 IDC 内部用户访问外网的具体流程为①内部用户向管理员申请外网访问权限；②管理员向 SNAT 内网网关设置该内部用户的源路由规则，允许该内部用户通过网关访问 SNAT 隧道服务；③内部用户发起外网访问请求，并将请求发送到其 IDC 内部的 SNAT 网关；④SNAT 网关将内部用户请求通过 GRE 隧道发送到 SNAT 服务器上；⑤SNAT 服务器将内部用户请求数据包解除 GRE 隧道封装，并把源地址替换为外网地址，然后通过防火墙把它传递给外部网络；⑥外部网络的目标服务器处理完内部用户请求后，把响应数据过过外网 IDC 的防火墙传送给 SNAT 服务器；⑦SNAT 服务器将响应数据包的目标地址替换成发起请求的内部用户的内网地址，把响应数据通过 GRE 隧道封装后发送到内网 IDC 的网关设备；⑧内网网关解除 GRE 隧道封装，把响应数据传送给内部用户。

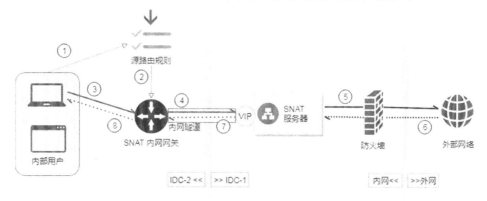

图 3-10　使用 SNAT 隧道服务无外网出口的 IDC 的一种典型的服务架构

3.1.6　服务隔离和安全控制

一个 IDC 带宽、计算等资源往往是有限的，在资源紧张的情况下，我们需要根据业务的重要性合理分配资源。另外，当 IDC 内的一个服务出现异常或受到攻击时，不能影响同 IDC 内的其他服务。这就要求对 IDC 内的不同业务之间进行服务隔离。负载均衡器可以对其接入的业务设置流量配额、连接数配额、并发量配额等资源利用指标，当一个业务使用的资源超过其分配的配额后，负载均衡器会采用对该服务降级的方式，避免因为一个业务产生异常而影响同 IDC 的其他服务。

安全问题是网络服务一个永无止境的讨论话题，DDoS 攻击、ARP 欺诈、脚本攻击、嗅探扫描、Flood 攻击等，网络攻击真可谓花样繁多、不胜枚举。通过在负载均衡器上配置策略，可以保护其后端的应用服务免受网络攻击的破坏。比如，通过黑名单机制阻止恶意用户的访问、通过白名单机制实现服务访问授权、通过 Syn-proxy 机制阻止 Syn-flood 攻击、通过 SSL 加密保护数据安全、通过流量分析和清洗抵抗 DDoS 攻击等。所有这些与安全相关的功能，都可以很容易地借助负载均衡器来实现。

3.2 高可用性

负载均衡器本身的一个重要作用就是提供高可用性。另外，其本身也需要是一个高可用的系统。

3.2.1 使用 Keepalived 做健康检查

Keepalived 是一常常用来配合四层负载均衡器使用的软件。除了可以管理负载均衡配置，它还有很多其他功能。健康检查就是一项不可忽视的功能。

Keepalived 的健康检查可以工作在网络层、传输层或应用层。即它可以发送 ICMP 探测包、TCP/UDP 健康检查报文包、HTTP 请求来进行健康检查。当发现返回的数据不是自己期望的值时，就会判断后端服务器已经不再健康，需要从集群中摘除。

以常用的 TCP 的负载均衡来说，使用 TCP_CHECK 进行健康检查。健康检查的方法是由负载均衡器发送 SYN 包到后台指定的端口（一般是设置为后台服务器提供服务的端口），当后台服务器返回 SYN/ACK 后，负载均衡器就认为后台服务还是健康的，会向后台服务器发送一个 RST 数据包，同时关闭自己的 TCP 连接。这样非完整状态的三次握手、四次挥手可以较快地进行健康检查，也利于节约资源。TCP-CHECK 的一般会在 real_server 的配置块内部进行配置，代码如下：

```
TCP_CHECK {
        nb_sock_retry 2
        connect_timeout 3
        connect_port 80
    }
```

另外，如果四层负载均衡实际上提供的是 HTTP 的服务，则可以使用 HTTP_GET 进行健康检查。它主要是根据发送 HTTP 请求获得的响应，并进行 md5 加密，查看与期望值是否相符。如果与期望值相符，则认为后端服务器是健康的，否则摘除这个后端服务器。HTTP_GET 的一般配置代码如下：

```
HTTP_GET {
        url {
            path /index.html
            digest 5b6d74f1453e20c09d6a20d909779ad7
        }
        ## status_code 200
        connect_port 80
        connect_timeout 3
        nb_get_retry 3
        delay_before_retry 7
}
```

其中，digest 表示加密期望值。在实际使用场景中，我们可以先获取一次正常的后端服务器的返回值，并对该返回值加密获得。

在某些情况下，上述两种健康检查是不能满足业务需求的。比如，业务有自己的判断健康命令；又如，业务是一个 UDP 的负载均衡服务。Keepalived 专门提供了一个自定义的健康检查接口来满足这种情况，它可以根据自定义的命令/脚本运行后的返回值来判断后台服务器是否健康。在一般情况下，exit 0 表示健康检查正常，exit 1 表示健康检查失败。下面是对自定义的 UDP 的 514 端口进行健康检查的方法：

```
MISC_CHECK {
        misc_path "nmap  -sU -n 10.0.0.1 -p 514 | grep 'udp open' &&
exit 0 || exit 1"
        misc_timeout 3
```

```
    }
```

事实上，MISC_CHECK 还有动态调整后端服务器权重的作用。当负载均衡调度算法为加权调度时，如果在 MISC_CHECK 内配置了 misc_dynamic 并且自定义监控的返回值是 2～255，则对应的后台服务器的权重就会被调整为返回值再减去 2。例如，健康检查的返回值是 255，则权重会被调整为 255-2=253。

3.2.2 使用 VRRP 实现主备

Keepalived 很重要的一个功能就是可以实现主备模式的集群化四层负载均衡器。在通常情况下，我们将两台服务器配置成主从模式。即一台是 MASTER，另一台是 BACKUP。

MASTER 会不停地往外发送虚拟路由冗余协议（Virtual Router Redundancy Protocol，VRRP）的多播信号，当 BACKUP 接收到这个多播信号，并判断这个虚拟路由器标识符（Virtual Router ID，VRID）属于自己的组时，就会强制让自己静默（自己是指 BACKUP，不要有接管 VIP 这类的行为）。当 BACKUP 接收不到正常的 VRRP 多播信号时，就会认为 MASTER 已经出现故障，这时 BACKUP 就会切换成 MASTER 来接管 VIP，并发送免费 ARP 报文（gratuitousARP），同时发出 VRRP 数据包。当 MASTER 服务器重新恢复服务，发送出 VRRP 数据包后，BACKUP 机器就会发现自己的优先级没有 MASTER 发出的 VRRP 优先级高，会再次把自己设置为 BACKUP，并摘除自己的 VIP。MASTER 在恢复服务后会发现自己的优先级最高，占据 MASTER 的状态重新接管 VIP，发送免费 ARP。这样的主备模式可以确保在 MASTER 正常工作时，流量一直在 MASTER 上；当 MASTER 异常时，流量可以切换到 BACKUP。

常见的 VRRP 主备配置代码如下：

```
vrrp_instance vrrp_instance_116 {
    state MASTER
    interface dpdk0.kni//发送 VRRP 数据包的网卡名
    //dpdk_interface dpdk0
    virtual_router_id 116
    priority 100
    advert_int 1
    authentication {
```

```
        auth_type PASS
        auth_pass 12345
    }

    virtual_ipaddress {
        10.1.1.1
        10.1.1.2
    }
}

vrrp_instance vrrp_instance_116 {
    state BACKUP
    interface dpdk0.kni //发送 VRRP 数据包的网卡名
    //dpdk_interface dpdk0
    virtual_router_id 116
    priority 80
    advert_int 1
    authentication {
        auth_type PASS
        auth_pass 12345
    }

    virtual_ipaddress {
        10.1.1.1
        10.1.1.2
    }

}
```

其中，virtual_router_id 在一个网段内的一组主备机器上需要保证一致，并且在该网段内需要有唯一性，否则就会导致 VRID 冲突及主备模式不可用。priority 为主备各自的优先级配置，要确保 MASTER 的 priority 的值大于 BACKUP 的 priority 的值。advert_int 表示发送 VRRP 数据包的周期，它会影响主备切换的时间效率。advert-int 的值越小主备切换的感知速度就会越快，数据包发送频率也就会越快，对服务器的资源耗费显然也会越大。

3.2.3 使用 ECMP 实现集群化

从 3.2.2 节中我们知道，可以使用 VRRP 实现主备的集群模式。但是主备模式的瓶颈是一个 VIP 最多只能有一台机器的吞吐量。我们能否像后端服务器一样横向扩展负载均衡集群呢？答案是肯定的。通常，我们采用 ECMP 来实现 VIP 的分流，依托的软件就是 Quagga。

ECMP（Equal-Cost Multi Path Routing，等价多路径路由协议）主要应用在路由策略上。比如，当某一个节点发现发往下一跳的多个路由都是最佳路径时，就会根据一定的策略将数据包分发到不同的下一跳。在通常情况下，为了确保一个数据流都分发到同一个下一跳，这个策略一般是哈希算法。

OSPF 是一个支持 ECMP 的内部网关协议，它是一种动态的路由协议，通过在同网段内传输一个组播的数据包来让所有的路由器感知自己这个邻居节点。如果想要实现集群化的负载均衡服务，就需要依赖动态路由协议自动摘除故障负载均衡器，并在集群扩容时，自动加入新的负载均衡器。如果是静态路由协议，某个节点发生故障后下线，就无法实现自动摘除。

Quagga 是一款集成了 OSPF、RIP 及 BGP 在内的多种路由协议的软件。我们通常使用 OSPF 来实现集群化（在 Quagga 中对应进程 ospfd）。对于 Quagga 来说，ospfd 进程的配置文件中可以进行如下配置：

```
log file /var/log/quagga/ospf.log
log stdout
log syslog
password ospf
enable password ospf
interface bond1.kni
ip ospf network non-broadcast
ip ospf priority 0
ip ospf hello-interval 10
ip ospf dead-interval 40
router ospf
ospf router-id 10.0.0.1
log-adjacency-changes
auto-cost reference-bandwidth 1000
```

```
network 172.27.11.140/26 area 0.0.0.0
redistribute connected
```

172.27.11.140/26 是交换机和服务器的互连路由，服务器上的 OSPF 通过 network 的方式将它发布出去。redistribute connected 命令表示 OSPF 将所有本地的直连路由发布出去，由于负载均衡的业务 VIP 的路由都是直连路由，所以该命令相当于发布了所有 VIP 的路由。其余具体字段的信息可以查看 Quagga 官网（见链接[9]），本节不再赘述。

我们依托上述协议，使用 Quagga 在服务器上模拟路由器节点，利用 OSPF 对外发布 VIP 的路由。交换机和服务器采用互连 IP 互相通信，并通过 OSPF 动态路由协议实现邻居感知和路由发现。如果一个负载均衡集群中的多台服务器同时发布相同的 VIP 路由，则交换机能通过 OSPF 发现存在多个路径到该 VIP。如果各个路径的优先级和链路质量相同，则交换机认为这些路径是等价的，并按照等价路由的流量分发策略把该 VIP 的数据包分发到多台负载均衡服务器上。

3.2.4 使用网卡绑定扩展单网卡流量

网卡绑定是一种常用的技术。可以将多张网卡绑定成一个虚拟网卡。网卡绑定有不同的绑定模式，通常需要交换机配合。以两张网卡绑定为例，可以让其中一张网卡有流量，另一张网卡做备份。也可以使两张网卡都承载流量，达到横向扩展的目的。关于网卡绑定的细节，读者可以通过互联网搜索相关资料，本节对此不再做详细介绍。

3.3 高可扩展性

可扩展性直接影响业务的服务能力和应用规模。当业务容量达到目前系统的容量极限时，我们通常有两种选择：一种是迁移业务到性能更好、容量更大的系统中；另一种是扩容当前系统的容量。显然，迁移方案不仅操作复杂、业务影响大，而且对于容量更大、性能更高的系统，其迁移成本可能会成倍增长。如果服务具备高扩展能力，我们就能很容易地通过平滑扩容的方式提高当前系统的容量。负载均衡服务作为业务流量的入口，对扩展性和伸缩性的要求比其他服务更高。下面将从负载均衡器、后端服务器两个角度讨论负载均衡系统的高可扩展性原理和实现方法。

3.3.1　扩展负载均衡器

1.　通过 DNS 技术扩展负载均衡器

DNS 是一种分布式网络目录服务，主要用于实现域名与 IP 地址的相互转换。DNS 服务采用分层的管理方式，可以按照地域、运营商分层配置和查询，并通过缓存技术保证并发处理性能。在一个调度区域内，如果 DNS 记录的业务域名关联了多个 IP 地址，在用户请求 DNS 域名查询时，DNS 可以通过轮询的策略从这些关联的 IP 地址中选择其中一个 IP 地址来响应用户的查询请求。

我们可以利用 DNS 分布式服务和轮询查询机制扩展负载均衡器。下面以如图 3-11 所示的实例进一步说明。假如爱奇艺的主页服务 www.iqiyi.com 部署在北京联通节点上，节点内部通过负载均衡将流量分发到后端服务器组上，每个负载均衡器为该业务分配一个业务 VIP（VIP：1.1.1.1），每个 VIP 再通过 DNS 配置关联到域名上。如果北京联通服务区域内的用户请求访问 www.iqiyi.com，则 DNS 将把该区域的解析结果 1.1.1.1 和 2.2.2.2 以轮询的方式响应给用户的 DNS 查询请求。当北京联通区域内的负载均衡器需要扩展时，我们只需要新增一台负载均衡器，并将其对应的新业务 VIP 关联到该区域的 DNS 服务上。此外，DNS 还能为负载均衡器提供跨区域扩展能力。比如，当北京联通区域不能继续扩容时，我们可以在上海电信新增 DNS 调度区域，并在该区域部署扩展负载均衡器。这样，访问 www.iqiyi.com 的用户流量将按照 DNS 配置分担到北京联通和上海电信两个节点，从而实现负载均衡的跨区域扩展。

通过 DNS 技术扩展负载均衡器的优点是能对业务流量按区域和运营商进行灵活分配，但每次扩展负载均衡器都需要占用一个 IP 地址，且其中一个负载均衡器发生故障时要经过 DNS 缓存老化时间后才能摘除。所以，我们一般使用 DNS 服务对业务进行跨区域、运营商的分布式部署和异地容灾，很少直接使用 DNS 对负载均衡器进行扩展。

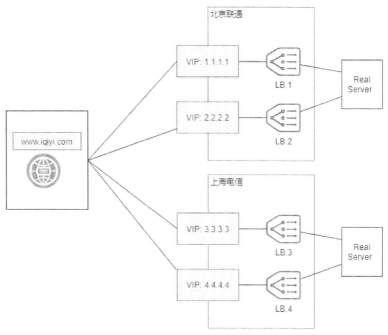

图 3-11　通过 DNS 技术扩展负载均衡器

2. 通过 ECMP 技术扩展负载均衡器

我们在讨论负载均衡器的高可用性时已经提到过 ECMP 技术。使用 ECMP 实现集群化除了能提高负载均衡服务的高可用性，还能赋予负载均衡服务可扩展能力。

图 3-12 所示为用两级 ECMP 网络对负载均衡器进行可扩展部署的网络拓扑结构。负载均衡器 LB.1～LB.3 和接入交换机（Switch）SW.1 下联构成第一级负载均衡网络，可以实现把 SW.1 上的业务流量通过 ECMP Network.B 分摊到 3 个负载均衡器上，当 LB.1～LB.3 这组负载均衡器需要扩容时，只需要在 ECMP Network.B 中配置一台新的负载均衡器，即可把 SW.1 的业务流量由 3 台负载均衡器分摊变为由 4 台负载均衡器分摊。对于大部分业务，这样由第一级 ECMP 网络构成的负载均衡集群就可以满足业务扩展性需求。对于业务流量特别大的情况，我们可以进一步在接入交换机 SW.1、SW.2 上联和核心路由器 RT.1 中配置第二级 ECMP Network.A，将核心路由器 RT.1 上的业务流量分摊到两个接入交换机 SW.1 和 SW.2 上，并进一步由第一级 ECMP 网络分摊到负载均衡器 LB.1～LB.6 上。ECMP 网络一般通过一致性哈希技术保证同一条数据流不被分发到不同的负载均衡器上，并且在添加或删除负载均衡器时，只影响该负载均衡器上的业务连接。

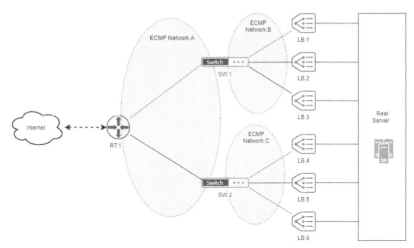

图 3-12　用两级 ECMP 网络对负载均衡器进行可扩展部署的网络拓扑结构

使用ECMP技术扩展负载均衡器的方法通常应用于IDC内部多个负载均衡器的水平扩展。这种方法使用等价路由原理把业务的 VIP 通过多台负载均衡器发布到外网，每个服务只需要占用一个 IP 地址，而且扩展方法简单、方便，所以被广泛应用于 IDC 内部负载均衡器和业务的部署。

3. 通过负载均衡技术扩展负载均衡器（多级负载均衡）

负载均衡器的一种常见部署方式是不同类型的负载均衡器级联部署，这种部署方式把一种负载均衡器作为另一种负载均衡器的后端服务器，利用前者的负载均衡能力实现后者的可扩展性和高可用性。

图 3-13 所示为通过负载的均衡技术扩展负载均衡器的典型网络拓扑结构。由于四层负载均衡器是基于网络层协议的 IP 地址和传输层协议的端口信息工作的，性能远高于工作在应用层上的七层负载均衡器，因此将七层负载均衡器作为四层负载均衡器的后端服务器是合理的。最常用的四层负载均衡器是基于 Linux Kernel 实现的 LVS，常见的七层负载均衡器有 Nginx、HAProxy 等支持反向代理的应用服务器。四层负载均衡器可提供多业务、多个 IP 地址接入能力，而七层负载均衡器则按照应用协议对业务流量做进一步精细化控制，如 Nginx 可以根据域名和 URL 把来自 LVS 同一个 VIP 的业务流量转发到不同后端服务器集群上。七层负载均衡器利用四层负载均衡器提供的健康检查服务实现平滑扩容和下线，四层负载均衡器则可以使用 ECMP 等技术实现集群化服务，从而保证了多级负载均衡系统的高可用性和高可扩展性。

虽然通过负载均衡集群扩展负载均衡器的方式增加了一层负载均衡转发，但四层负载均衡器和七层负载均衡器功能的互补作用可以增加业务配置的灵活性和负载均衡集群的利用率，所以这种负载均衡器的扩展方案被广泛应用于七层负载均衡器的集群化部署中。

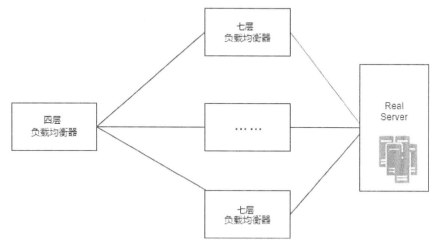

图 3-13　通过负载均衡技术扩展负载均衡器的典型网络拓扑结构

4. 通过 Anycast 技术扩展负载均衡器

使用 Anycast 技术可以实现把相同的业务 VIP 地址跨地域发布到不同的负载均衡集群上，不同用户的访问流量按照最优路径原则最终被路由到不同的负载均衡器上。所以，从原理上来讲，可以利用 Anycast 技术扩展负载均衡器。但 Anycast 在网络波动时可会把同一条业务流中的数据包发送到不同的服务器上，因此 Anycast 技术还只是主要应用于 DNS 服务、时间服务等无状态的业务上。我们将在 3.4 节进一步讨论 Anycast 技术。

3.3.2　扩展后端服务器

当负载均衡器需要扩展后端服务器（Real Server）时，我们如何把新的 Real Server 加入负载均衡转发列表中，并对当前的服务不产生影响呢？下面介绍一下实现该目的的两种机制。

1. 配置文件重载机制（reload 机制）

在之前的章节中，我们看到四层负载均衡器 LVS 使用 keepalived.conf 配置文件管理 Real Server，七层负载均衡器 Nginx 则使用自己的配置文件管理 Real Server。所以，当需要扩展 Real Server 时，首先需要把新的 Real Server 配置写入相应的配置文件，然后在运行的负载均衡服务不重启、不中断的前提下加载新的配置文件。所以，我们需要一种平滑重启机制，使得负载均衡器在服务运行中重新加载配置文件而不影响业务流量的转发。

Keepalived 和 Nginx 都采用 SIGHUP 信号重新加载更新后的配置文件。SIGHUP 信号默认是在用户终端连接（正常或非正常）结束时发出的，通常在终端的控制进程结束时通知同一个终端内的各个作业与控制终端断开关联。当用户登录 Linux 时，系统会给用户分配一个终端。在这个终端下运行的所有程序，包括前台进程组和后台进程组，一般都属于这个终端。当用户退出 Linux 登录时，前台进程组和后台有终端输出的进程将会收到 SIGHUP 信号。这个信号的默认行为是终止进程，因此前台进程组和后台有终端输出的进程就会终止。

由于 Keepalived 或 Nginx 通常作为系统守护进程运行，守护进程会与终端脱离关系，所以 SIGHUP 信号的默认作用对守护进程就没有了意义。我们可以重新定义守护进程的意义，利用 SIGHUP 信号通知守护进程重新读取配置文件，并将文件加载到内存中。因此，对于使用配置文件管理的负载均衡配置，只需把扩展的 Real Server 更新到配置文件中，然后对负载均衡器进程发送 SIGHUP 指令即可。

下面以 Nginx 为例解释一下具体流程。Nginx 的进程分为 Master 主进程和 Worker 工作进程，Master 主进程主要管理事件信号的接收和分发，所有的请求处理都由 Worker 工作进程完成并返回结果。Nginx 的平滑重启机制会先向 Master 主进程发送重启或重载配置文件信号，然后 Master 主进程告诉所有的 Worker 工作进程不再接收新的请求，并启动新的 Worker 工作进程，待旧的 Worker 工作进程处理完剩余工作并退出，就完成了平滑重启机制。此外，Nginx 除了支持平滑重启机制，还支持平滑升级机制。Nginx 的平滑升级和平滑重启的过程有些区别，在平滑升级的过程中，涉及 3 个信号（USR2、WINCH 和 QUIT），首先发送 USR2 信号给原 Master 主进程，原 Master 主进程会额外启动一个 Master 主进程和若干个 Worker 工作进程，新旧 Worker 工作进程同时提供对外服务；然后发送 WINCH 信号给原 Master 主进程，原 Worker 工作进程停止服务并退出；最后发送 QUIT 信号给原 Master 主进程使之退出，只保留新的 Master 主进程和 Worker 工作进程，至此完成平滑升级。关于 Nginx 平滑升级更详细的内容介绍，读者可以参考 Nginx 文档（见链接[10]）。

2. 服务发现机制

服务发现机制广泛应用于微服务技术领域，用于解决在应用实例发生动态扩展、失败或升级时如何保证服务的可用性和一致性问题。服务发现的核心是一个服务登记表，该表是一个包含所有可用服务实例网络地址的数据库。当用户发起用户请求后，通过查询服务登记表获取一个可用的应用实例来处理用户请求。

图 3-14 所示为通过服务发现机制扩展 Real Server 的原理图。与之前的负载均衡网络结构相比，该原理图增加了服务发现组件，它包含服务登记服务器端和服务登记客户端。服务登记客户端嵌入在 Real Server 内，负责向服务登记服务器端注册和实时更新自己的服务可用状态；服务登记服务器端负责处理负载均衡器对 Real Server 的查询，用户请求到达负载均衡器后，负载均衡器通过查询服务登记表，并按照一定的负载均衡策略选取其中一个可用的 Real Server，将用户请求转发到该 Real Server 上进行处理。服务登记客户端与服务登记服务器端同步状态，这里可以使用自己注册的 Self-Registration 同步方式，也可以使用第三方的 Third-Party Registration 方式。

此外，利用服务发现机制还可以实现客户端负载均衡，即不需要使用服务器端的负载均衡器，用户程序直接查询服务登记表获取可用的 Real Server 列表，然后选择其中一个 Real Server 发起请求。这种模式更简单、灵活、直接，但是用户程序和服务登记程序强耦合，通用性差，开发、应用、维护较为困难，因此应用相对较少。

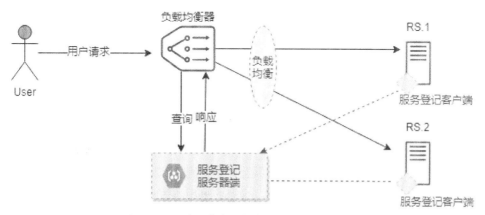

图 3-14　通过服务发现扩展 Real Server 的原理图

3.4 使用BGP Anycast实现多个IDC负载均衡和机房灾备

虽然使用 VRRP 或 ECMP 可以构建具有高可用性和高伸缩性的负载均衡集群，但这还只能是在同一个 IDC 内部保证负载均衡的可靠性和可伸缩性。如果 IDC 因电源、灾害等原因整体发生故障，如何保障应用服务的连续性？另外，为了提高服务质量、降低用户访问时延，应用服务和负载均衡可能部署在多个地区，如何管理不同地区的负载均衡集群，让用户始终能以最优的方式访问应用服务？本节介绍的 Anycast 技术为这些问题提供了一个很好的解决方案。

Anycast 是一种网络寻址和路由方案，它允许一个 IP 地址同时配置在多个设备上，对一个特定用户，到达这些设备的路由是不同的。当数据包被转发时，路由器会为用户选择最优的路径。IPv6 协议原生支持 Anycast 技术（见链接[11]），所以支持 IPv6 Anycast 的网络只需要把负载均衡的 VIP 地址配置为 IPv6 Anycast 地址，就可以实现同一个 IPv6 协议网络内不同 IDC 之间的负载均衡。但是，IPv4 协议本身不支持 Anycast 技术，而且 IPv6 Anycast 需要路由器、交换机支持。在 IPv4 协议网络或 IPv6 协议网络中，可以使用 BGP（Border Gateway Protocol）（见链接[12]）技术作为 Anycast 技术的替代方案。我们把一个相同的单播地址分配给多个设备（这些设备一般分布在不同地区），并通过 BGP 对外宣告到达这些设备的不同路由。这样，不同设备配置了相同地址并对外宣告了该地址的多个路由，路由器会把这些路由看作到达同一个设备的不同路由，并在转发数据包时，根据路由算法选择用户到达目标地址代价最小的路由。当某个节点发生故障时，该节点的地址将被摘除，BGP 会撤销发布到故障节点的路由，用户的数据包会被自动转发到其他可用节点。

图 3-15 所示为使用 BGP Anycast 实现多个 IDC 负载均衡和机房灾备的示意图。两个网络应用部署在不同 IDC 上，并通过负载均衡为用户访问提供服务。两个 IDC 的负载均衡集群为该服务提供了同一个 VIP，并通过 BGP 协议向外部网络通告了两条路由。当用户访问该 VIP 时，路由算法会为用户选择到达目标 VIP 最优的一条路径。比如，如果只考虑地理位置的距离因素，则路由器会将用户请求转发到距离用户最近的 IDC，从而实现跨 IDC 的负载均衡。另外，当一个 IDC 发生故障时，配置在该 IDC 内负载均衡器上的 VIP 也会因故障变成不可用的状态，BGP 协议感知到该 IDC 的 VIP 状态变化后，会自动撤销指向该 IDC 的路由，原来访问该 IDC 服务的用户会被路由到另一

个次优的路由节点，从而实现机房故障的灾备。

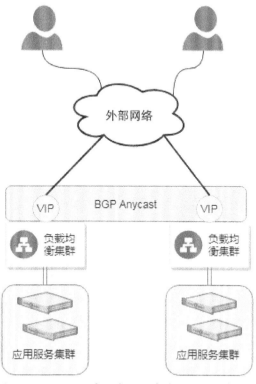

图 3-15　使用 BGP Anycast 实现多 IDC 负载均衡和机房灾备的示意图

　　需要注意的是，用户服务之间的 Anycast 路由可能会因为网络拥塞或网络拓扑的变化而改变，所以无法保证同一个用户的数据会始终转发到同一个负载均衡集群上。因此，Anycast 主要用于基于无状态的 UDP 协议构建的服务，如 DNS 服务。另外，考虑到路由的相对稳定性，对于基于 TCP 协议的短连接服务，Anycast 也有一定的应用价值。

第4章 现有负载均衡器比较

通过对前 3 章内容的讨论,我们对于负载均衡技术有了技术和功能层面上的了解,同时,熟悉了一部分主流负载均衡器的架构。本章主要介绍现有的负载均衡器,包括软件及硬件两种实现方式的负载均衡器,并对一些比较典型的负载均衡器进行性能对比,以便对负载均衡技术有更完整的认知。

4.1 四层负载均衡器

本节主要介绍现有的四层负载均衡器,除了 2.1 节介绍的 LVS,还有许多四层负载均衡器。下面简要介绍几种常见的四层负载均衡器。并对现在比较流行的负载均衡器 LVS 和爱奇艺开源的 DPVS 进行性能对比。

4.1.1 硬件实现

硬件实现的负载均衡器是直接在服务器和外部网络之间安装负载均衡设备,这种设备通常是一个独立于系统的硬件。目前,常见的四层负载均衡器是 F5,硬件实现使得 F5 能够独立于系统被使用。相对于软件实现的负载均衡器,F5 的整体性会更高,能够实现智能流量管理。但是,该硬件实现的负载均衡器的缺点是成本高,无开源代码,无法进行二次开发。

4.1.2 软件实现:Linux Virtual Server(LVS)

相对于硬件实现,四层负载均衡器的软件实现方案的费用较低,如开源的 HAProxy 和 Linux Virtual Server(LVS)。其中,LVS 是由章文嵩开源的,因为其高性能、高可用性,目前被广泛应用到实际生产运营中。

LVS 主要有以下几个优点:①抗负载能力强、仅分发请求、不产生流量,该特点使其对内存及 CPU 的消耗较低;②有完整的双机热备方案,如"LVS + Keepalived",这保证了 LVS 工作的稳定;③应用范围较广,几乎能对所有应用进行负载均衡,包括 HTTP 请求、数据库、聊天室等;④配置简单,这既是该技术的优点也是缺点,优点是不会受到过多人为配置的影响,缺点是配置性低,可配置选项单一。

除了上文提到的配置性低的缺点,LVS 还有两个缺点是不支持正则表达式处理,不能做动静分离,而且在网站应用时,LVS + Keepalived 实施起来比较复杂。

4.1.3 软件实现方案对比

虽然 LVS 具有很强的抗负载能力,但是在高并发时还是会受到内核协议栈的限制,为此,爱奇艺在 DPDK 技术的基础上开发了一种性能更高的负载均衡器——DPVS,与基于 Linux 内核开发的 LVS 相比,DPVS 的特点如下。

- 更高的性能:DPVS 的包处理速度很快,单个工作线程的性能可以达到 2.3 Mpps,6 个并发的工作线程的性能可以达到万兆网卡小包的转发线速(约 12Mpps)。这主要是因为 DPVS 绕过了复杂的内核协议栈,并采用轮询的方式收发数据包,避免了锁、内核中断、上下文切换、内核态和用户态数据复制产生的性能开销。

- 更完善的功能:从转发模式上来看,DPVS 支持 DR、NAT、Tunnel、FullNAT、SNAT 共 5 种转发模式,可以灵活适配各种网络应用场景;从协议支持上来看,DPVS 支持 IPv4 协议和 IPv6 协议,且最新版本的 DPVS 增加了 NAT64 的转发功能,使用户可以通过 IPv6 网络访问 IPv4 服务。

- 更好的维护性:DPVS 是一个用户态程序,与内核态程序相比,功能开发周期更短、调试更方便、问题修复更及时。

图 4-1 所示为 DPVS、LVS 及 Maglev 的性能对比数据图，从图中我们可以看到 DPVS 的性能和 CPU 的内核数量几乎成正比，包处理速度远高于 LVS 的包处理速度。

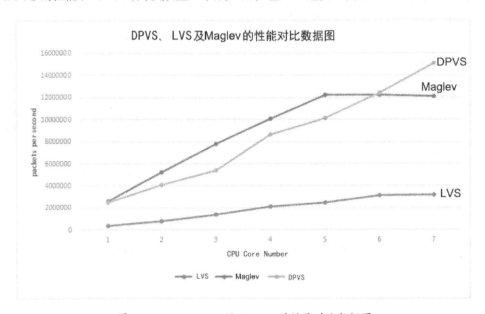

图 4-1　DPVS、LVS 及 Maglev 的性能对比数据图

4.2　七层负载均衡器

本节主要介绍现有的七层负载均衡器，除了 2.2 节介绍的 Nginx，实际上还有很多种类型的七层负载均衡器。下面会简单介绍几种较为常见的七层负载均衡器，同时，针对目前比较流行的 F-Stack 和 Nginx 两种实现方案进行性能对比。

4.2.1　硬件实现

硬件负载均衡器通常是将转发逻辑直接放在一个嵌入式设备内。该设备通常是定制化的设备，区别于普通的 Linux 服务器。

常见的七层负载均衡器是 F5。F5 不仅可以作为四层负载均衡器，也可以作为七层负载均衡器。F5 的功能很强大，除了可以转发 HTTP/HTTPS 请求，它还可以实现 SSL 加速、动态 Session 会话保持、Cookie 加密、选择性内容加密等一系列高级功能。

但是它的缺点也很明显，成本昂贵、无法获取源代码、无法进行二次开发。

4.2.2　软件实现：HAProxy

HAProxy 实际上是一款既支持四层负载又支持七层负载均衡的设备。它采用单一进程的事件驱动模型，在很多场景下都有非常不错的性能表现，但是在多核平台上会出现性能瓶颈，而且它的功能没有 Nginx 的功能强大，也不如 Nginx 那样便于开发，所以 HAProxy 现在越来越多地被 Nginx 所取代。

4.2.3　实现方案对比：F-Stack 与 Nginx

F-Stack（见链接[13]）是一款由腾讯开源的用户态协议栈。该协议栈是基于 DPDK 和 FreeBSD 来实现的。由于该协议栈主要是基于 FreeBSD 来实现的，因此与其他一些自研的轻量级协议栈相比，该协议栈具有很高的稳定性。此外，与内核态的 FreeBSD 相比，F-Stack 实现了无锁化、无中断，从而拥有相当优秀的性能。

基于 F-Stack 实现的 Nginx 可以充分利用 F-Stack Kernel Bypass 的优异性能。Nginx 的多进程模型可以使每个 Worker 都在一个独立的协议栈上，因此可以使吞吐量达到很高的状态。图 4-2 来源于 F-Stack 团队给出的数据，其中 Nginx 表示原生的 Nginx，Nginx_si 表示在原生 Nginx 上进行了 CPU 亲和性。

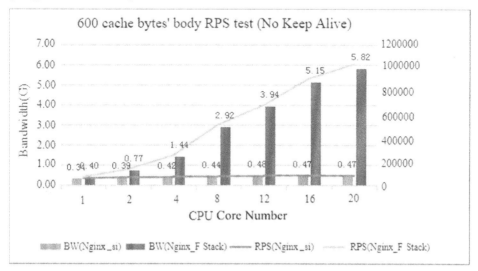

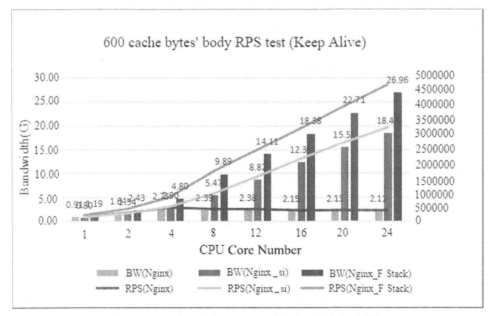

图 4-2 不同实现方式下 Nginx 的性能测试数据（续）

第 5 章 负载均衡与云计算

云计算、云原生概念的出现，让我们开始思考负载均衡和云计算之间有什么关系。云计算其实并不是一种新的网络技术，而是一种新的网络应用概念。它是一种具有高扩展性的服务，其实现核心是将很多计算资源协调在一起，这样，在用户请求时就能获得看似无限的资源。其中，弹性计算是云计算的一种，它与云计算唯一的区别就是可弹性扩展资源用量。

本章首先介绍负载均衡和弹性计算结合的落地系统：Kubernetes（K8S）中的Ingress；然后介绍弹性计算的计算资源跨区域调度与容灾的解决方案，其中，跨区域调度与容灾是实现无限的计算资源的一个很重要的因素；最后介绍微服务架构 API Gateway，API Gateway 通过将一个大型的服务解耦成许多小服务，使其能够在某一个微服务资源变动时，无须对整个服务进行更新，仅更新该微服务对应的资源配置，能够很好地和弹性计算相结合。同时，在 API Gateway 的实现技术中，我们也可以使用负载均衡技术来调度获取某类微服务的实例。

5.1 负载均衡与弹性计算

弹性计算是指业务根据实际的计算需求灵活地调整计算资源，以实现按需使用、按需交付的目标。容器云是常见的应用场景。

以 Kubernetes（K8S）集群为例，业务方创建了一个 App。这个 App 初始化时有 10 个 POD，且这 10 个 POD 会被接入某一套负载均衡系统中。另外，有一套监控系统会实时地监控每个 POD 的 QPS（Queries Per Second）及整体 App 的 QPS。当整体的 QPS 或单个 POD 的 QPS 达到阈值时，要么进行限流，要么进行扩容。显然，限流并不是在所有场景下的最优解。在特定的情况下，我们需要进行自动化的扩容。这时，弹性计算的这一套系统就需要打通负载均衡的部署接口，即在流量到达阈值时，自动扩容 POD 并进行部署下发，使得负载均衡入口流量可以导入新扩容的 POD 中，K8S 结合负载均衡实现弹性计算架构如图 5-1 所示。

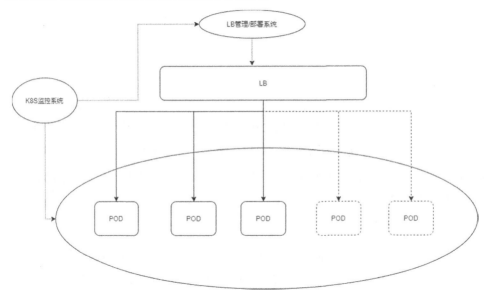

图 5-1　K8S 结合负载均衡实现弹性计算架构

实际上，K8S 的 Ingress 就是一个将负载均衡与弹性计算落地的系统。

5.2　跨区域调度与容灾

弹性计算采用全冗余设计，无单点，能够支持同城容灾。其中，同城容灾由同城或邻近区域内（≤200km）的两个数据中心组成：一个作为数据中心，负责日常生产；另一个作为灾备中心，负责在灾难发生后使应用系统正常运行。比如，网易云在负载均衡的基础上结合 Redis 和 Kafka 服务实现的跨可用区（Availability Zone，AZ）容灾架构（见图 5-2）。生产和灾备站点通过数据复制实现同步，在正常运行时，只有生产站点（主）在工作，当出现生产站点故障时，会通过负载均衡机制转至灾备站点（备），是一种主备模式的负载均衡策略。

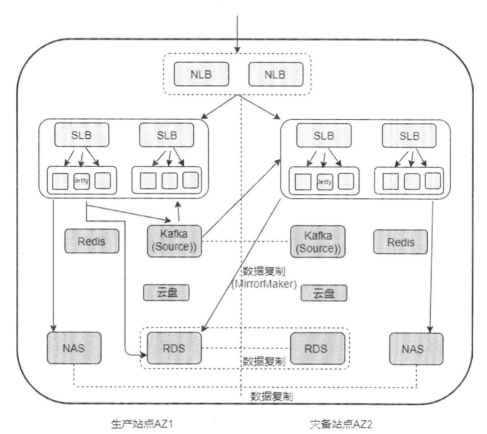

图 5-2 网易云实现的跨可用区容灾架构

同时，该技术搭配 DNS 可以进行跨区域调度与容灾，其可用性达到 99.95%。跨区域容灾在主备中心之间的距离较远（>200km）时会用到，一般采用异步镜像进行，但会丢失少量的数据。

最近，在大范围自然灾害出现的背景下，以同城加异地灾备的"两地三中心"的灾备模式随之出现，该方案同时具有高可用及灾备的能力。"两地"是指同城、异地；"三中心"是指生产中心、同城灾备中心、异地灾备中心。"两地三中心"灾备模式基本架构如图 5-3 所示。

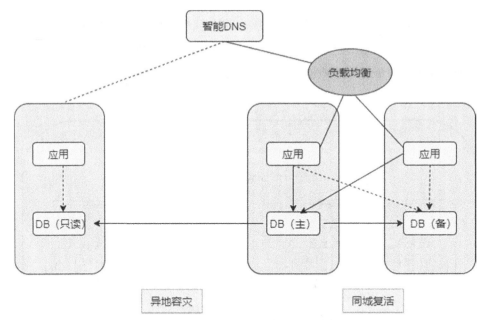

图 5-3 "两地三中心"灾备模式基本架构

目前，已有多家公司将上述方案应用到实践中，如阿里巴巴、华为和爱奇艺等。其中，爱奇艺通过内部 DNS 系统和后端负载均衡体系，实现了在一个 AZ 出现故障时可以自动切换到其他健康的 AZ 中去，同时在故障恢复时可以手动或自动恢复到初始转发策略中去。

5.3 API Gateway

随着业务的迅速发展，单体应用已经满足不了日趋增长的各种服务需求，出现了微服务的概念。微服务的思想是单体应用微服务化，将原本集中于一体的功能拆分，每个功能模块具有各自体系的发布、运维等功能。但是，当各种客户端来调用这些微服务时，需要有统一的出入口，API Gateway 就是为了解决这个问题而出现的一种服务网关机制。API Gateway 有很多，目前比较出色的是 KONG。下面以 KONG 为例介绍一下 API Gateway 中的负载均衡。

在微服务的诸多 API 中，要保证其高可用性，就需要对 API 设置多个后端服务，即在 API 上配置多个服务节点，这需要在 KONG 内实现负载均衡。目前，KONG 支持多种负载均衡，其中的两种主要负载均衡方式为基于 DNS 的负载均衡和环形平衡器。

1. 基于 DNS 的负载均衡

基于 DNS 的负载均衡中的后端服务的注册是在 KONG 之外完成的，而 KONG 仅接收 DNS 服务器的更新。如果请求的 API 被分解为多个 IP 地址，则使用主机名的 upstream_url 定义的每个 API 将自动使用该负载均衡方式（前提是主机名未被解析为 upstream 名或其他本地文件中的名称）。

2. 环形平衡器

使用环形平衡器时，后端服务的注册和注销将由 KONG 完成，不需要通过 DNS 服务来更新。我们可以通过配置 upstream 属性和 target 属性来配置环形平衡器。

- upstream 属性：将虚拟主机名配置到 upstream 属性中，如一个虚拟主机名为 weather.service 的主机可接收所有类似于 http://weather.service/path/xxx/...的请求。

- target 属性：后端服务所在 IP 地址和端口的组合，如 192.168.11.48:8080。每一个 target 属性都附加一个 weight 属性来指示获得的相对负载。

之后，我们通过配置负载均衡算法来实现负载均衡。在默认情况下，环形平衡器将使用加权轮询算法。还有一种负载均衡算法是哈希散列调度算法。我们可以将哈希散列调度的 key 的值设置为 none、consumer、ip 或 header，当设置为 none 时，环形平衡器会使用加权轮询算法且禁用哈希调度。

第6章 网络协议优化

负载均衡帮助我们把流量均衡到多个集群或服务器池，保证服务的高可用性。但随着社会发展，客户对网络服务的速度、安全性等方面也有了更高的要求，这就需要我们对网络协议及负载均衡器本身的性能进行优化。

我们经常提到的网络协议优化，通常是以提高吞吐量和减小访问延迟作为目的的。提高吞吐量有助于节约成本，减小访问延迟有助于提高用户体验，就是通常所说的"快"。本章将主要介绍爱奇艺在生产环境中用到的一些 TLS/HTTPS 优化手段，以及 QUIC 协议的落地。其中，QUIC 协议是基于 UDP 的传输协议，所以本章也对 UDP 传输协议的优化进行了相关介绍。此外，本章也对其他协议（如 TCP、HTTP、DNS）的优化方法进行了简要介绍。

6.1 TCP 协议优化

TCP 作为一种最常用的传输层协议，其作用是在不可靠的传输信道上提供可靠的数据传输。在实际应用中，几乎所有的 HTTP 流量都需要经过 TCP 协议传输，所以，要进行 Web 性能优化，TCP 协议性能优化是其中的关键一环。下面就基于 TCP 协议工作原理分析讨论一下 TCP 协议性能优化的 3 个方面。

1. 三次握手

三次握手给 TCP 协议带来很大的延迟，但是，这个握手流程（见图 6-1）是不可避免的，那么我们只能通过重用 TCP 连接来减少握手的次数。在 HTTP1.1 中引入了长连接，当客户端发送带有 Connection: keep-alive 请求头的请求时，通过请求头的 Connection: keep-alive 告诉服务器在预设的 keep-alive 超时时间和允许的最大请求数内不要关闭此连接。

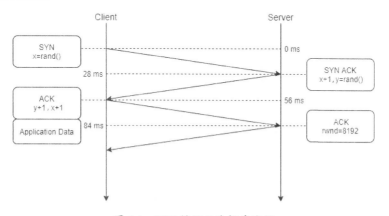

图 6-1　TCP 协议三次握手流程

除此之外，TFO（TCP Fast Open，TCP 快速打开）机制也被用于优化三次握手。当它通过握手时 SYN 包中的 TFO Cookie 选项用来验证该客户端是否有连接过本服务器。若验证成功，则服务器可以在客户端发送的三次握手及 ACK 包到达前就开始发送数据。若 TFO Cookie 校验失败，则丢弃 TFO 请求，将该 SYN 包视为普通的 SYN 包，完成正常的三次握手。

2. 流量控制

滑动窗口协议（Sliding Window Protocol）用于网络数据传输时的流量控制，以避免发生拥塞。为实现接收方流量控制，TCP 连接的每一方都要声明自己的通告窗口 rwnd，表示缓冲区可接收的数据大小，如果出现一方（接收速度慢）跟不上对方发送速度的情况，就会通知对方一个较小的窗口。当窗口大小设置为零时，接收速度慢的一方会等待缓冲区有多余空间再继续接收数据。

如果窗口大小设置不合理，就会出现带宽传输速率很快，但是下载速度却很慢的情况。这是因为最初 TCP 协议分配给接收窗口大小的字段为 16 位，即最多一次可传输

64KB。为了解决这个问题，TCP 窗口缩放（TCP Window Scaling）出现了，该机制将窗口大小由 16 位扩展到 32 位。

3. 慢启动

流量控制能够防止发送方与接收方之间出现服务过载的情况，但在发送方与接收方不在同一个局域网中，当中间存在多个路由器和速率较慢的链路时，就会出现一些问题。有些中间路由器可能会因为缓存分组而耗尽存储器空间，这会严重降低 TCP 连接的吞吐量（见链接[14]）。为避免出现这种现象，使用慢启动（Slow Start）算法，用于确保新分组入网速率和对端返回确认速率相同。

慢启动算法为发送方的 TCP 协议增加了一个窗口，即拥塞窗口（Congestion Window），记为 cwnd。当与其他网络主机建立 TCP 连接时，cwnd 被初始化为 1 个报文段。每接收一个 ACK，cwnd 就会增加一个报文段。发送方选取 cwnd 和 rwnd 中的较小值作为发送上限，实现发送方的流量控制。

如图 6-2 所示，刚开始时，发送方发送一个报文段，等待 ACK，当收到第一个 ACK 包后，cwnd 的值由 1 增加到 2，即可发送两个报文段。当收到两个报文段的 ACK 时，cwnd 的值就会增加到 4，也就是在初期阶段 cwnd 的值会呈现指数增长趋势。随着 cwnd 值的增加，某些点上会出现网络过载的现象，于是中间路由器开始丢弃分组，并通知发送方 cwnd 的值过大。随后，cwnd 的值会成倍减少并慢速增长，以避免网络拥塞。

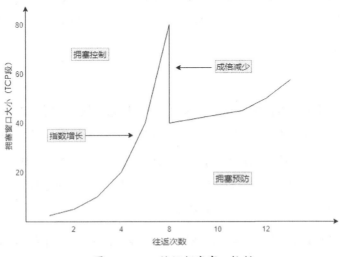

图 6-2 TCP 协议拥塞窗口控制

6.2 TLS/HTTPS 协议优化

随着 HTTPS 协议的应用越来越普及，针对 HTTPS 协议的大规模部署需要的资源也越来越多。一方面，由于 HTTPS 协议多了 TLS/SSL 握手的流程，因此会使用户感知到请求 HTTPS 协议比请求 HTTP 协议要慢。另一方面，HTTPS 协议的加解密计算任务繁重，会需要大量的 CPU/服务器资源。本节将介绍 TLS/HTTPS 协议的优化方式。我们首先介绍一下 TLS/HTTPS 协议性能问题的来源，然后会对 TLS/HTTPS 协议性能问题的 4 种优化方法进行详细介绍，最后针对目前公有云的普及所造成的安全问题做的安全方面的优化方案进行介绍。

6.2.1 TLS/HTTPS 协议的性能问题

HTTP 和 HTTPS 都是基于 TCP 的协议，可以参考图 6-3 对 HTTPS/TLS1.2 协议完全握手的流程有一个大致的了解。

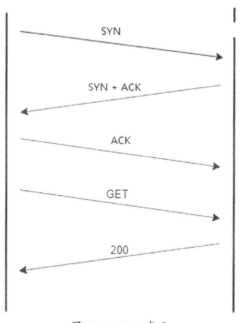

图 6-3 HTTP 交互

从图 6-4 中我们可以知道，HTTPS 协议的完全握手要比 HTTP 协议的完全握手多两个 RTT，这就不难理解 HTTPS 协议为什么"慢"了。下面来分析一下 TLS1.2 协议完全握手的具体流程。

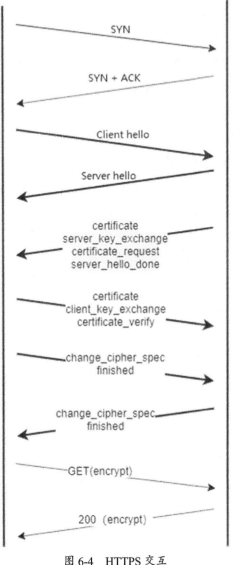

图 6-4 HTTPS 交互

（1）客户端向服务器端发送 Client_hello 报文，带有随机数 C（用于后续的密钥生成）、SSL/TLS 版本、支持的加密算法、密钥交换算法等信息。

（2）服务器端向客户端响应 Server_hello 报文，带有随机数 S（用于后续的密钥协商）、SSL/TLS 版本，加密套件列表。

（3）服务器端将自己的证书发送给客户端，同时服务器端可能通过发送证书请求（Certificate Request）要求客户端也要发送自己的证书给服务器端。

（4）客户端收到服务器端的证书后会检测证书是否合法，如果不合法，则停止SSL/TLS 握手；如果合法，则获取服务器端的公钥。如果收到服务器端的证书请求，则将客户端的证书发送给服务器端。

（5）如果服务器端收到客户端的证书，则也会去验证客户端的证书。如果不合法，则停止 SSL/TLS 握手，如果合法，则会获取客户端的公钥。

（6）客户端生成随机数 Pre-master，利用证书提供的公钥加密，发送给服务器端。Pre-master 加上随机数 C 和 S，客户端可以通过计算得到密钥。客户端向服务器端发送利用此密钥加密发送的握手信息。

（7）服务器端用证书的私钥解密 Pre-master，加上随机数 C 和 S，也可以得到后续通信使用的密钥。服务器端收到客户端的加密握手信息后，解密完成验证。如果验证通过，则服务器端向客户端发送一段利用协商的密钥加密后的握手信息。

至此，握手完成，后续都采用协商的密钥进行加密/解密。第 6 步和第 7 步就是非常重要的非对称加密实现的步骤。

SSL/TLS 的非对称加密算法有 RSA 和 ECDHE。这两类算法的计算量都很大，尤其是 RSA 非常消耗 CPU 资源。这也是 SSL/TLS 性能低下的重要原因，对称加密实际上对性能的影响很小。目前，对 RSA 和 ECDHE 两种常见的非对称加密算法的分析有很多参考资料，读者可自行查阅，本节不再赘述。

6.2.2 Session ID 及 Session Ticket

无论是提高吞吐量还是降低延时，都可以通过减少 SSL/TLS 握手次数的方法来实现。如果来自相同客户端的 HTTPS 请求都可以复用之前的 Session，岂不美哉？

SSL 握手会在客户端和服务器端存有 Session，这个 Session 就是用来保存客户端和服务器端之间的 SSL 握手记录的。这种握手记录的方式通常有两种，客户端常见的是 Session Ticket，服务器端常见的是 Session ID。

当 HTTPS 请求复用 Session ID 或 Session Ticket 时，客户端和服务器端交互流程如图 6-5 所示。

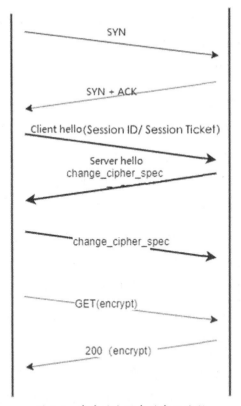

图 6-5 客户端和服务端交互流程

从图 6-5 中我们可以看出，复用 Session 可以减少 HTTPS 协议握手的 1 个 RTT 时间。这对降低延时有很大的帮助。另外，由于复用了 Session，降低了非对称加密的计算量，因此可以极大地减轻服务器端的负载，提高吞吐量。

对于 Session ID 来说，如果客户端要复用它，则要求之前的完全握手客户端和服务器端存储这个 Session 及其对应的 Session ID。一般是在完全握手的 Server hello 报文中携带 Session ID，让客户端记住这个 Session，只要下一次客户端的 Client hello 报文携带了这个 Session ID，服务器端就会根据 Session ID 去查找 Session。如果查找到了，则可以达到 Session 复用的效果，如果找不到，则继续走完全握手的流程。

Session Ticket 是在之前完全握手阶段，服务器端通过一定的加密计算方法（一般用 Ticket Key）将一个会话 Ticket 传输给客户端的，客户端会维持这个 Session 的所有信息，服务器端本身不再存储 Session 的完整信息。当客户端在 Client hello 报文复用 Session Ticket 后，服务器端会解密 Session Ticket 的信息（一般用 Ticket

Key），从而获取完整的 Session 信息，达到 Session 复用的效果。这里需要注意的是，如果使用 Ticket Key 实现 Session Ticket 的复用，则这个 Ticket Key 显得尤其重要。如果黑客获取了 Ticket Key 的信息，他就可以利用这个信息解密之前的会话内容，这显然不是安全的行为。所以，为了确保 HTTPS 协议的安全性，Ticket Key 需要经常变化。

下面以常见的 Nginx 为例说明在工程上如何通过 Session ID 和 Session Ticket 实现 Session 复用。

Nginx 本身就支持 Session ID 和 Session Ticket。

开启 Session ID：由于 Nginx 是多进程模型，每个进程都有独立的内存空间，所以需要配置保存 Session 的全局共享内存。另外，还要设置 Session 的缓存老化时间，代码如下：

```
ssl_session_cache shared:SSL:10m;    //全局共享内存10MB
ssl_session_timeout 1440m;           //缓存老化时间1440分钟
```

开启 Session Ticket：Session Ticket 需要通过一个 Ticket Key 开启。这个 Key 一般可以用 OpenSSL 来生成，代码如下：

```
ssl_session_tickets on;
ssl_session_ticket_key /usr/local/nginx/ssl_cert/session_ticket.key;
```

国内很多互联网公司的 Nginx 服务器都在负载均衡设备的后面，当以这样的架构上线时，很难达到 Session 复用的效果，如图 6-6 所示。

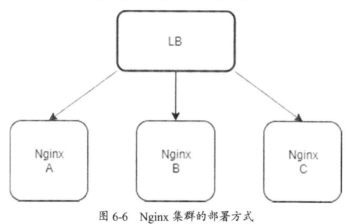

图 6-6　Nginx 集群的部署方式

以上述方式部署的 Nginx 集群容易导致缓存未命中（cache miss）的问题出现。假如 Nginx A 存有和客户端交互的 Session，由于负载均衡的作用，客户端的下一次请求可能会落到 Nginx B 或 Nginx C 上，会使 Nginx 无法根据 Session ID 查找到对应的 Session，也就无法起到复用的效果。如果采用 Session Ticket 的方式达到 Session 复用的效果，也必须使 Nginx A、Nginx B、Nginx C 的 Ticket Key 保持一致。

想要使 Ticket Key 在 Nginx 集群之间保持一致并不困难，毕竟它和数据面不耦合，我们大可以周期性地生成 Key，再推送到 Nginx 集群，对 Nginx 集群进行配置重载。但是，Session ID 如何在 Nginx 集群之间保持一致呢？它和数据面高度耦合，Nginx 集群之间的 Session 每时每刻可能都在变化。在这种场景下，我们很容易想到使 Nginx 集群共享一个全局 Session 数据库和 Ticket Key 的变化库。另外，由于 Session 的全局查找是一个远程操作，因此这种查找时间必然很可观，如果是同步阻塞型查找，那么网络 I/O 等待事件会导致 Nginx 的吞吐量大幅下降，所以这里采用异步查找的方式。

Nginx 一般用 OpenSSL 来完成 TLS/SSL 相关的握手。其中，OpenSSL 自 1.1.0 版本开始，便支持了异步操作，该异步操作是基于内部实现的 Async job（协程）进行的。当 TLS/SSL 握手采用异步模式进行时，就会调用 ASYNC_start_job，同时保留这个进程当前的堆栈信息，然后切换到进程去进行一些类似 I/O 操作。操作完毕后，用户需要通过原来的进程去主动查询 Async job 的状态。如果状态是 ASYNC_FINISHED，则切换到原来的堆栈，继续后面的操作。

在这里，我们通过 OpenSSL 这种异步特性实现了一套基于 OpenSSL Async job 的全局 Session 远程查找 Nginx 模块，该模块实现的前提是 Nginx 要支持 Async job。它的主要思想就是创建一个远程的集群共享数据库，存储 TLS/SSL 的 Session 信息，并利用 OpenSSL 提供的 SSL_CTX_sess_set()接口函数注册一些回调函数，包括新建、获取及删除 TLS/SSL Session。新建 Session 的操作一般需要将该 Session 在本地共享内存区存储一次后，再在远程的数据库内存储一次；获取 Session 的操作需要先在本地共享内存区查找，如果找不到再去远程的集群共享数据库查找；删除操作实际上可以不用实现，本地内存区和远程集群共享数据库的过期机制可以使得 Session 在配置的过期时间后自行超时老化。上述远程数据库操作都要在 OpenSSL 的异步框架内实现。目前，我们还没有开源这个模块，更多关于 Nginx 对于 OpenSSL 的异步支持可以参考 Intel 的 Nginx（见链接[15]）或淘宝的 Tengine(见链接[16])。

Nginx 集群通过远程集群共享数据库进行 Session 共享的具体实现架构如图 6-7 所示。

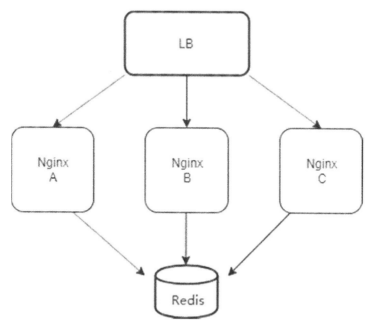

图 6-7　Nginx 集群通过远程集群共享数据库进行 Session 共享的具体实现架构

6.2.3 False-Start

TLS 的 False-Start 由 Google 率先提出。具体的做法就是在客户端发送 change_cipher_spec 的同时，不用等待服务器端响应 change_cipher_spec，就去发送加密应用数据。

从图 6-8 中我们可以看到，服务器端开启了 False-Start 后，SSL 握手可以节约 1 个 RTT 的交互时间。False-Start 需要客户端和浏览器同时满足条件，像 Chrome 和 Firefox 这样的客户端需要支持 NPN/ALPN，Safari 客户端从 OSX 10.9 版本开始支持 False-Start；对于服务器端来说，只要开启支持前向安全即可。在 Nginx 上开启 False-Start 只要配置如下字段：

```
ssl_prefer_server_ciphers on;
```

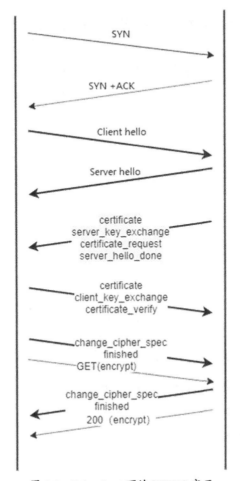

图 6-8 False-Start 下的 HTTPS 交互

6.2.4 TLS1.3 协议

TLS1.3 协议是对 TLS/SSL 协议的最新优化，其证书规范于 2018 年 8 月落地。OpenSSL 从 1.1.1 版本开始支持 TLS1.3 协议。Nginx 从 1.13.0 版本开始正式支持 TLS1.3 协议。实际上，Nginx 的支持也依赖于 OpenSSL 对 TLS1.3 协议的支持。

TLS1.3 协议与之前的 TLS1.2 协议相比有很大的改进，其改进内容如下。

- 引入新的密钥协商算法。

- 对比 TLS1.2 协议的 TLS/SSL 握手，可以实现 0-RTT 的数据传输。

- 废弃了一些加密算法，如对于之前的 TLS 来说重要的 RSA 加密算法，现在可以采用前向安全的 Diffie-Hellman 算法进行握手。

- 只有 Client hello 报文和 Server hello 报文是明文传输，其余所有报文都是加密的，大大增加了安全性。

- 不允许加密报文压缩，不允许重新协商（renegotiation）。

- 不再使用 DSA 证书。

总体来说，TLS1.3 协议在性能和安全方面做了很大的改进，是一种和之前的 TLS 设计理念完全不同的协议。

图 6-9 所示为 TLS1.3 协议下的 HTTPS 交互。其中，"+"表示上一条消息的扩张，"*"表示可选数据，"{}"表示利用握手的中间密钥加密，"[]"表示利用最终的协商密钥加密。

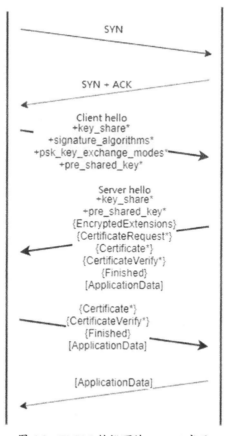

图 6-9　TLS1.3 协议下的 HTTPS 交互

下面来介绍一下 TLS1.3 协议的握手流程。

（1）客户端向服务器端发送 Client hello，包含客户端的协议版本、Session ID、密码套件、压缩算法及扩展消息。

（2）服务器端向客户端回复 Server hello，包含选定的加密套件、证书、签名后的握手消息，并利用客户端提供的参数生成临时公钥，结合选定参数计算共享密钥，服务器端生成的临时公钥可以通过 key_share 的扩展来发送。

（3）当客户端收到 key_share 消息后，使用证书公钥进行验证，获取临时公钥，生成会话锁需要的共享密钥。

（4）双方利用共享密钥进行加密/解密传输。

显然，TLS1.3 协议只需要 1 个 RTT 即可完成 TLS 的握手，比 TLS1.2 协议的握手速度更快。在加密算法上，由于不再有 RSA 的非对称加密，CPU 的负载必然会下降。

另外，TLS1.3 协议还支持一种预共享密钥模式（Pre-Shared Key，PSK）的握手，它类似于早期 TLS 的版本基于 Ticket Key 的 Session 复用的握手方式。在这种场景下发送的 Client hello 报文需要携带 psk_key_exchange_modes 和 pre_shared_key 拓展，Server hello 报文需要携带 pre_shared_key 拓展。

TLS1.3 协议的优点还在于，在一定的场景下可以支持 0-RTT 的传输，即客户端可以在 TCP 协议完成握手后直接发送应用层的数据，这种 0-RTT 传输所需满足的条件如下。

- 之前已经有过一次完整的握手，并且在结束后，服务器端发送了 Session Ticket。在 Session Ticket 中存在 max_early_data_size 拓展，表示愿意接收 early_data。
- 当第二次握手时，客户端将 pre_shared_key 发送给服务器端，服务器端从 pre_shared_key 中恢复 Session。
- 当第二次握手时，客户端发送 early_data 数据包。
- 当第二次握手时，服务器端支持读取 early_data。

即 0-RTT 实际上是以 PSK 握手为前提的。在 0-RTT 传输场景下，HTTPS 交互如图 6-10 所示。

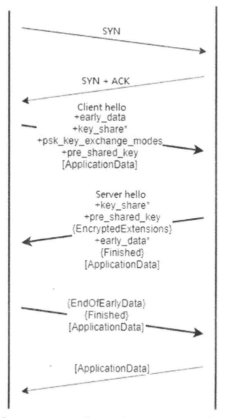

图 6-10　TLS1.3 协议下的 0-RTT HTTPS 交互

（1）客户端向服务器端发送 Client hello 及如下信息：psk_key_exchange_modes 拓展、early_data 拓展、change cipher spec 消息（非必须）、ApplicationData（应用层数据）。

（2）服务器端向客户端发送 Server hello 及如下信息：change cipher spec 消息（非必须）、EncryptedExtensions 消息、early_data 拓展（表示愿意接收客户端 Client hello 携带的 early_data）、Finished 报文、ApplicationData（应用层数据）。

（3）客户端向服务器端发送 EndOfEarlyData 报文、Finished 报文及 ApplicationData（应用层数据）。

（4）服务器端向客户端发送 New Session Ticket（非必须）。

实际上，有可能出现 PSK 握手失败或服务器端不接收 0-RTT 请求的情况。在这样的场景下，握手会从 0-RTT 传输降级到 1-RTT 传输。

在 Nginx 下支持 0-RTT 的握手需要配置 ssl_early_data on。

6.2.5 硬件加速卡和计算分离

在 6.2.2 节，我们了解到 TLS/SSL 需要消耗大量的 CPU 资源进行加解密运算，这很容易导致服务器的 CPU 达到性能瓶颈。很多芯片厂商提供了硬件加速卡，专门用于进行加解密运算，拥有很高的性能。其中，以 Intel 的 QAT 卡为代表，被大量互联网公使采用。6.2.2 节提到的 Intel 的 QAT 支持异步的 Nginx，就是适配在 QAT 卡场景下的 Nginx。

在 Linux 场景下，硬件加速卡一般要提供相应的驱动和系统调用的接口，供用户态程序调用并进行加解密运算。基于 OpenSSL 的 Engine 机制，Intel 提供了一套 QAT 的加速卡软件包（见链接[17]）。

这里简单介绍 OpenSSL 的 Engine 机制，它是一种可以为开发者提供自定义加解密接口的框架。开发者可以自己实现一套常用的加解密接口，注册到 OpenSSL 中，然后编译成动态库，存放到 OpenSSL 的指定目录中，再对 OpenSSL 的配置文件 openssl.cnf 进行配置，指定 Engine。OpenSSL 在调用初始化函数过程中，会读取配置文件，根据配置文件指定的动态库查找注册的加解密接口函数，具体可以参考 OpenSSL 官方给出的实例。这样，对于 OpenSSL 的上层应用来说，调用的接口是透明的，应用程序无须关心 OpenSSL 内部具体的加解密运算到底是 CPU 还是加速卡来负责。下面是一种常见的 QAT 卡进行加解密的 OpenSSL 配置实例，代码如下：

```
openssl_conf = openssl_def
[openssl_def]
engines = engine_section

[engine_section]
qat = qat_section

[qat_section]
engine_id = qat
dynamic_path = /usr/local/ssl/lib/engines-1.1/qat.so
default_algorithms = RSA
```

需要注意的是，这里的 default_algorithms 表示哪些算法会调用 qat.so 动态库提供的接口，上文的配置只分离了 RSA 算法。这是因为一些对称加密的算法调用很频繁，如果每次都经过系统调用去让加速卡计算，那么虽然 CPU 的负载低了，但是系统调用的成本却变高了，在内核态和用户态之间过于频繁地切换并不是一件好事。实际上，分离哪些算法并没有一定的说法，在使用加速卡的场景下，最好可以根据实际情况进行实验，得到较优的经验值。

另外，我们知道非对称加解密非常复杂，计算量非常大，尤其是 RSA 算法会消耗大量的计算时间。很显然，如果是同步计算，那么调用加速卡进行加解密后，吞吐量性能瓶颈可能不在计算量上，而在计算的时间上。如何解决这个问题呢？大家很容易想到使用异步计算。前文提到了支持异步计算的 OpenSSL 和 Intel 的异步版本的 Nginx。实际上，这两个软件本身就是为加速卡异步计算打造的。

通过性能测试，在相同的硬件条件和测试环境下（Nginx 服务器有 32 个逻辑 CPU 核心），利用 QAT 卡进行异步计算的 Nginx 服务器的 QPS 在 HTTPS 完全握手的场景下大约可以达到 2.5 万，而原生的 Nginx 的 QPS 在 HTTPS 完全握手的场景下大约可以达到 1.5 万。

我们使用 OpenSSL 的命令接口去测试 QAT 卡的 RSA 计算的性能，发现一张卡的计算能力可以达到 4 万左右。这样我们就会发现 QAT 卡的性能没有被充分利用。我们能否让其他服务器也去使用这剩余的计算能力呢？更进一步来说，我们能否构建一个专用的集群，集群中的每台服务器都能安装多张 QAT 卡，然后用大量的 Nginx 服务器远程调用这个 QAT 卡集群呢？再进一步来说，我们能否把交给 QAT 卡计算的任务通过网络交给远程的空闲服务器呢？基于上述目的，我们采用了计算分离的方案。

计算分离的大致思路就是实现一个类似 qat.so 的 OpenSSL 的异步 Engine。我们将这个 Engine 命名为 Remote_Engine。其内部有一些加解密算法的实现，如 RSA 加解密的接口。这些加解密的接口都会把加解密的参数通过 RPC 远程传输给专门的计算集群，然后异步返回；计算集群计算完毕后返回响应，再继续执行之前的握手流程。上述异步式远程调用 Remote_Engine 进行加解密的流程需要在异步的 Nginx 基础上实现，远程调用的异步是基于 RPC 的异步和 OpenSSL 的 Async job 框架来实现的。计算集群可以是插入多张 QAT 卡的集群，也可以是 CPU 空闲的集群（如冷存储的服务器），还可以是空闲的 Docker 资源。这种灵活部署的计算集群可以极大地节约 CPU 资源。

计算集群的服务发现机制可以由 ZooKeeper 提供。

图 6-11 所示为计算分离的框架，CPU 部分表示最终使用 CPU 计算加解密的集群节点。它们的部署比较灵活，如晚高峰时，可以使视频转码任务量较小的集群和冷存储的集群加入线上。

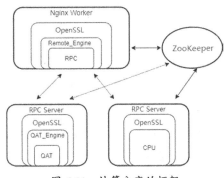

图 6-11　计算分离的框架

6.2.6　自动化数字证书管理

HTTPS（Hypertext Transfer Protocol Secure，超文本传输安全协议）是一种安全通信的传输协议。HTTPS 通过 HTTP 进行通信，但利用 SSL/TLS 加密数据包。HTTPS 的主要目的是提供对网站服务器的身份认证，保护用户交换资料的隐私性与完整性。HTTPS 协议由 Netscape 在 1994 年提出，随后扩展到互联网上。

HTTPS 协议的主要作用是在网络上创建一个安全信道，当服务器证书被验证和被信任时，可以防止网络窃听、中间人攻击。。

服务器证书是由数字证书认证机构（Certificate Authority，CA）签发的。数字证书包含密钥对（公钥和私钥）所有者的识别信息，通过验证识别信息的真伪实现对证书持有者身份的认证。简单来说，公钥是公开的，私钥需要妥善保存。一旦丢失私钥，可能导致网站信息泄露等。

对于基于企业内网部署的 HTTPS 服务，除非 OpenSSL 库存在严重漏洞（如 2014 年的 Heartbleed bug），否则外部攻击者很难直接获取证书私钥文件。但随着企业内部业务越来越大与外部的特殊合作场景，需要一种安全有效的证书管理方法与证书安全分发机制确保证书在部署过程中的安全性。

对于上述应用场景，我们可以构建证书管理平台，针对服务器证书私钥进行特殊的加密运算，并把密文保存在证书管理平台中，不涉密的文件明文保存。对业务服务器或七层负载均衡器进行改造，使其支持从证书管理平台远程下载证书并保存在内存中，如图 6-12 所示。

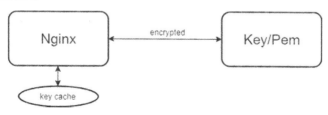

图 6-12　基于证书管理平台的证书远程获取部署方式

在一般情况下，我们不用每次 SSL 握手都去请求证书管理平台，这样效率不高且整体 SSL 延迟变大。我们通常在启动业务服务器或七层负载均衡器后远程获取证书参数，然后保存在本地内存中。考虑到因部分场景的网络问题有可能导致访问证书管理平台失败，我们会在本地缓存一份加密的证书文件，以便在远程访问证书管理平台失败时，可以读取本地的缓存文件。

证书管理平台的存在方便了我们统一管理证书。在证书过期之前，我们可以更新证书管理平台上相应的证书，业务服务器或七层负载均衡器只要周期性地获取远程证书即可。

6.3　HTTP 协议优化和 HTTP2.0

目前，HTTP 通信主要是基于 HTTP1.1 进行的，但随着互联网行业的迅速发展，HTTP1.1 暴露的问题也越来越多，其性能瓶颈主要表现在以下 4 个方面。

- 同一时刻，每个连接只能发送一个请求。
- 请求仅支持从客户端发起。
- 请求/响应头部未经压缩就发送，会增加网络延时。
- 请求/响应头部冗长，浪费通信资源。

为了解决 HTTP1.1 的性能瓶颈问题，缩短 Web 页面的加载时间，出现了 HTTP2.0，该协议针对原 HTTP1.1 的性能瓶颈主要做了以下 4 个方面的改进。

1. 二进制分帧（Binary Format）

针对 HTTP1.1 的高延迟和通信资源紧张的问题，HTTP2.0 引进了二进制分帧层，如图 6-13 所示。HTTP2.0 在二进制分帧层上将所有传输信息分为更小的消息和帧，并采用二进制格式的编码将其封装。新增的分帧层能够兼容 HTTP1.1 标准，将 HTTP1.1 中的头部信息封装到 HTTP2.0 的 HEADERS 帧，请求体封装在 DATA 帧。

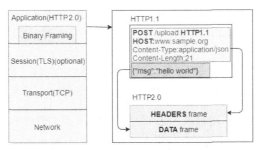

图 6-13　HTTP2.0 二进制分帧层

2. 多路复用（Multiplexing）

当同一域名下的请求数受限时，在 HTTP1.1 中每个连接只发送一个请求的问题就会使很多请求因为域名请求数限制而得不到处理，或者需要使用更多的域名资源来分担请求。HTTP2.0 引入了多路复用，该机制允许同时通过单一的 HTTP 连接发起多重的请求-响应消息，这样就可以实现多流并行而不用依赖建立多个 TCP 连接（见图 6-14）。同时，每个数据流都可以被拆分成很多互不依赖的帧，而这些帧可以交错，也可以分优先级。最后，可以在另一端把它们重新组合起来。这在一定程度上避免了由冗长的头部引起的通信资源浪费。

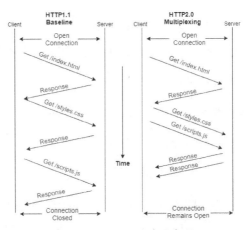

图 6-14　HTTP2.0 多路复用

3. 头部压缩（Header Compression）

HTTP2.0 会对 HTTP 头部信息进行一定的压缩，为原来每次通信都要携带的大量头部信息信息（"键-值"对）在两端建立一个索引表，对相同的头部信息只发送索引表中的索引。这样既避免了重复 HTTP 头部信息的传输，又减小了需要传输的大小。如果 HTTP 头部信息发生了变化，那么只需通过 HEADERS 帧发送变化了的数据。新增或修改的 HEADERS 帧会被追加到头部索引表中，如图 6-15 所示。头部索引表在 HTTP2.0 的连接存续期内始终存在，由客户端和服务器端共同更新。

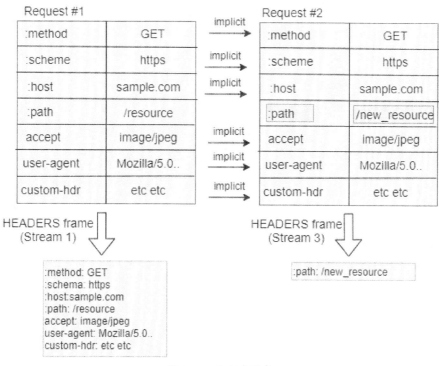

图 6-15　头部索引表

4. 服务器端推送（Server Push）

在 HTTP1.1 中，当浏览器请求一个网页时需等待服务器端返回 HTML，对 HTML 进行解析后才能发送所有内嵌资源的请求。在浏览器发送了资源的请求后，服务器端才会返回对应的 JavaScript 代码、图片和 CSS。HTTP2.0 的服务器端推送的工作就是，当服务器端在收到客户端对某个资源的请求时，会判断客户端可能还要请求其他资源，然后将这些资源一同发送给客户端。客户端可以选择把额外的资源放入缓存中，也可以选择发送 RST_STREAM frame 拒绝所有它不想要的资源。通过服务器端推送可以提高 HTTP 协议的数据传输性能，大概会比 HTTP1.1 快几百毫秒，提升程度不是特别多，所以不建议一次推送太多资源，这样反而会可能因为不必要的数据推送降低 HTTP 协议的数据传输性能。

6.4　基于 UDP 的传输协议优化

在当前的互联网环境中，有大量的 NAT 网络设备，为了兼容这些 NAT 网络设备，新的协议必须使用 UDP 协议来作为承载层。这是为什么呢？首先，NAT 网络设备是用来完成网络地址转换的，所以 NAT 网络设备必须能识别和理解对应的协议，否则就无法建立连接和进行通信。其次，目前无法在 IP 层定义新协议来解决 NAT 网络设备的兼容问题，但是 UDP 和 IP 层本质上是一致的，均用于提供包发送服务，所以开发者就在 UDP 报文上来解决这个兼容性问题。NAT 网络设备均支持 UDP 协议的地址转换，因此，新的传输协议均是在 UDP 协议基础上进一步封装开发的。

所以，对 UDP 协议的优化对于后面的网络协议开发及使用十分重要，下面通过 6.4.1 节和 6.4.2 节进行介绍。6.4.1 节会对目前的几种 UDP 实现的可靠传输协议进行简单介绍。6.4.2 节重点介绍优化弱网环境下网络传输的 QUIC 协议，分别针对其在 HTTP2.0 上的改进、在负载均衡中的使用及其应用进行详细介绍。

6.4.1　基于 UDP 的传输协议简介

由于 TCP 协议在 NAT 穿透方面的不足，出现了许多基于 UDP 协议的可靠传输协议。实现 UDP 协议可靠传输主要是依赖于 ARQ（Automatic Repeat reQuest，自动重传）的确认和重传机制，个别协议会采用 FEC（Forward Error Correction，前向纠错）机制。下面简要介绍 6 种基于 UDP 协议实现的传输协议。

1. KCP

KCP 是一个快速可靠协议，能通过比 TCP 多用 10%～20% 带宽使平均延迟降低 30%～40%，且使最大延迟降至 TCP 最大延迟的三分之一。该协议是利用纯算法实现的，并不负责底层协议（如 UDP）的收发，需要使用者自己定义下层数据包的发送方式，以回调函数的方式提供给 KCP 协议。连时钟都需要从外部传递进来，内部不会有任何一次系统调用。KCP 协议的可靠传输是通过 ARQ 重传机制来实现的，其重传是选择性重传，只重传真正丢失的数据包，与 TCP 协议从第一个丢包后全部重传相比，KCP 协议的性能会好很多。更多 KCP 协议的设计细节请参考官方资料（见链接[18]），这里不再赘述。

2. uTP

uTP（Micro Transport Protocol，微型传输协议）是一种基于 UDP、开放的 BT（BitTorrent，比特洪流）点对点文件共享协议，该协议的目的是减轻延迟，同时解决传统的基于 TCP 协议的 BT 所遇到的拥塞控制问题，提供可靠的、有序的数据传送。

当 BT 传输干扰到其他应用时，uTP 协议的设计能够自动减少数据包的传送速度。这使得该协议可以支持 BT 应用和网络浏览器共享 ADSL（Asymmetric Digital Subscriber Line，非对称数字用户线路），而不影响正常浏览。

3. FASP

Aspera 的 FASP（Fast and Secure Protocol，安全快速传输协议）是基于 UDP 协议实现的，解决了 TCP 协议传输的延迟问题，能够提供高达 5 Gbit/s 的带宽。FASP 协议主要用于文件高速传输，该协议不需要确保报文顺序，避免了乱序重组时内存开销过大，同时避免了因内存限制而丢弃部分乱序报文，进而减少不必要的重传，提高传输速度。

4. SCTP

SCTP（Stream Control Transmission Protocol，流控制传输协议）并不是一种基于 UDP 协议的可靠传输协议，SCTP 是一种和 TCP 协议、UDP 协议同级的传输协议，该协议集合了 TCP 和 UDP 两种协议的优点，能够提供和 TCP 协议一样可靠有序的数据传输功能，并实现类似 UDP 协议的面向消息的操作。该协议的主要特征有多宿主、多流、初始化保护、消息分帧、可配置的无序发送及平滑关闭。

5. UDT

UDT（UDP-based Data Transfer Protocol，基于 UDP 的数据传输协议）是基于 UDP 协议的数据传输协议。UDT 协议主要是为了解决"TCP 协议在高带宽、长距离网络上性能很差"的问题，希望全面支持高速广域网上的海量数据传输。该协议是面向连接的双向的应用层协议，引入了新的拥塞控制和数据可靠性控制机制。它同时支持可靠的数据流传输和部分可靠的数据报传输。因为 UDT 协议是完全基于 UDP 协议实现的，因此它也可以被应用到点对点技术（Peer-to-Perr，P2P）、防火墙穿透等领域。

6. QUIC

QUIC（Quick UDP Internet Connection，快速 UDP 互联网连接协议）是 Google 实现的一种可靠 UDP 传输协议，其主要目标是减小网络传输延迟。它的主要特点如下。

- 内建安全性：QUIC 协议集成了 TLS 协议，在建立连接时和 TLS 协议协商合并，减少了往返请求次数，提高了连接速度。

- 避免前序包阻塞：对 TCP 协议来说，即便与其他数据包无关的前序包阻塞也会使传输流程受阻。而 UDP 协议对数据包顺序没限制，所以基于 UDP 协议实现的 QUIC 协议能够避免前序包阻塞的问题。

- 改进的拥塞控制：QUIC 协议默认使用 TCP 协议的 Cubic 拥塞控制算法，但在此基础上做了很大的改进，主要的改进有支持可插拔、采用数据包序号递增来避免重传歧义，以及通过 ACK 包携带延时来精确计算 RTT。

- 连接迁移：QUIC 协议通过连接 ID 来唯一标识客户端和服务器的逻辑连接，这个设计可以在用户切换网络使得 IP 地址或端口改变时仍保持连接，无须重连。

6.4.2 QUIC 协议优化

QUIC 是一种基于 UDP 协议实现的多路复用、安全传输的应用层协议。QUIC 协议最早由 Google 提出。为了扩大影响力及应用范围，Google 于 2016 年向 IETF 组织提交了审议申请，试图将 QUIC 协议作为下一代 HTTP 协议（即 HTTP2.0 over QUIC，该名称为 IETF 内部早期对 HTTP3.0 的称呼）进行标准化规范推广。

Google 提交的 HTTP2.0 over QUIC 的原始实现包含了传输层和应用层的功能。经过 IETF 组委会的多次优化修订，负责连接及数据处理的部分被剥离出来，并作为单一功能的传输层协议发布，从而使得 QUIC 协议可以在其他应用层上使用。

1. QUIC 协议在 HTTP2.0 上的改进

在 6.3 节中，我们已经了解到 HTTP2.0 规范，该协议规范针对 HTTP1.1 的许多性能问题进行了相应的改进。但是，本质上 HTTP2.0 还是基于 TCP 协议的，依然有一些问题无法解决。比如，在 HTTP2.0 连接网络中有一个数据包丢失，或者任何一方的网络中断，整个 TCP 连接就会停止。因为 TCP 协议是一个按序传输的链条，所以如果其中一个点丢失了，那么链路之后的内容都需要等待。这种单数据包造成的阻塞，就是 TCP 协议上的队头阻塞（head of line blocking）。随着丢包率的增加（弱网条件），HTTP2.0 的表现会越来越差。目前，在基于 TCP 协议规范上解决这个问题十分困难，所以就衍生出了新的基于 UDP 的协议规范——QUIC 协议。

QUIC 协议结合 HTTP2.0、TLS 及 TCP 协议的设计经验，在其传输方面进行了多路复用，以及流量控制的传输优化；在安全通信方面，为通信双方提供等效于 TLS 协议的安全机制；在可靠性方面，提供类似 TCP 协议的包重传、拥塞机制等特性来保证传输的可靠性。

下面对于 QUIC 协议的实现特点进行进一步讨论。

（1）QUIC 协议的数据流。

类似于 SCTP、HTTP2.0，QUIC 协议可以在同一物理连接上有多个独立的逻辑数据流。这些数据流在同一个连接上并行传输，互不影响。相比于 HTTP2.0 在 HTTP 层面上处理数据流，QUIC 协议可以在传输层协议（包括 TCP 协议或 UDP 协议）上实现数据流处理。连接在两端点之间经过类似 TCP 连接的方式协商建立。QUIC 连接基于 UDP 端口和 IP 地址建立，而一旦建立，连接就可以通过其"连接 ID"（Connection ID）进行关联。在已建立的连接上，双方均可通过此连接进行数据传输。同时，QUIC 协议可以对连接和数据流分别进行流量控制。

（2）全 TLS 加密传输。

TCP 协议头部没有经过任何加密和认证处理，所以很容易在传输过程中被网络设备篡改、注入和窃听。而 QUIC 协议是全 TLS 加密传输（QUIC 使用的加密传输协议为 TLS 1.3），没有非加密版本，相比于 HTTP2.0（TLS 仅标记为可选）或 HTTPS 协议更加安全可靠。其中，使用 TLS 1.3 的最主要原因是其握手所花费的往返次数更低，从而能降低协议的延迟。

（3）RTT 快速会话恢复。

QUIC 协议在和客户端进行第一次连接时，QUIC 协议仅需要 1RTT 即可建立安全可靠的连接，相比于基于 TCP 的协议规范（如 HTTP2.0 与 HTTPS 协议，它们需要 1～3RTT 才可以建立安全可靠的连接）要更加快捷。然后，客户端可以在本地缓存添加加密认证信息，以便再次与服务器端建立连接时可以实现 0RTT 协议的连接建立延迟。与 HTTP2.0 相比，这种使用 0RTT 协议建立连接的特点可以说是 QUIC 协议最大的性能优势，这个特点也使得 QUIC 协议在弱网环境下有出色的表现。

（4）没有队头阻塞的多路复用。

多路复用是 HTTP2.0 的最大特性。多路复用可以使多条请求在一个 TCP 连接中同时发送出去，但也使得队头阻塞的问题变得更加严重。QUIC 协议沿用了多路复用这一特点，在一条 QUIC 连接上并行发送多个 HTTP 请求（将并行的 HTTP 请求流称为 stream）。但是，因为 QUIC 协议在一个连接上的多个 stream 之间没有依赖，所以即使某个 stream 丢失了一个 UDP 数据包，也只会影响本 stream 的处理，不会影响其他 stream 的处理。这种特性在很大程度上缓解甚至消除了队头阻塞的问题。

在互联网上有很多关于 QUIC 协议的具体技术细节分析，本节不再做过多分析。下面就对 QUIC 协议在负载均衡系统应用过程中遇到的问题及解决思路进行讨论。

2. QUIC 协议在负载均衡器中的使用

在 QUIC 协议出现以前，HTTP 使用的底层协议一直是 TCP。在传统单一有线网络上，借助 TCP 完善的拥塞控制、超时重传等可靠连接传输机制进行通信是网络交互的普遍做法。

移动互联网的快速发展使得 TCP 可靠连接变得不再那么美好。TCP 使用 4 元组 <SIP, SPORT, DIP, DPORT>确定一个连接的方式在有线与移动网络的切换场景下变得不稳定了。在弱网环境下，频繁重连不仅会影响用户体验，也会进一步消耗服务资源。

QUIC 协议建立在 UDP 协议的基础上，并会随机为每个 QUIC 连接指定一个 64 位的身份标识——连接 ID，表示一个连接。这个 QUIC 连接 ID 使连接迁移得到了实现，在 4 元组客户端 IP 地址、端口变化的情况下，不需要重连验证即可进行断点传输。

在集群化的服务场景中，四层负载均衡器通常使用 VIP 为集群化服务提供代理。所以，来自客户端的请求报文可以被集群化负载均衡器中的任意一台负载均衡器所处理。在常见的轮询、最小连接等调度方式中，集群化负载均衡器中的任意一台负载均衡器都会根据 4 元组的不同，将报文转发到特定的后端服务器。但是，对于同一个 QUIC

连接 ID，4 元组不同的 QUIC 服务，常见的轮询、最小连接等调度方式已经无法根据 4 元组（不同 4 元组的 QUIC 连接 ID 可能相同）来将同一个 QUIC 连接调度到同一个后端服务器。所以，我们需要提供一种一致性的算法，使得属于同一个 QUIC 连接的报文能够在任意时刻被集群化负载均衡器中的任意一台负载均衡器正确地转发出去。

QUIC 协议的帧结构如下：

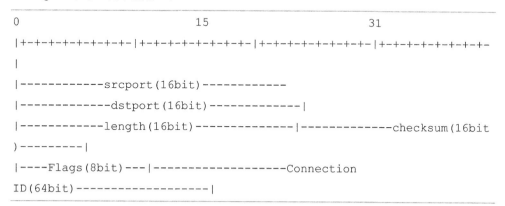

DPVS 负载均衡器将包含在 UDP 报文数据段中的 QUIC 连接 ID 取出作为一致性哈希键值，通过完全一致的哈希算法，使属于同一个 QUIC 连接上的 UDP 报文得到相同转发规则。也就是，使 QUIC 请求经过 DPVS 负载均衡器集群内任意一台服务器均能够被同一台后端 QUIC 服务器处理。

QUIC 连接 ID 的一致性调度方法仅解决了连接能够被正确处理的问题。在商业化的服务中，客户行为分析尤为重要，QUIC 连接 ID 无差别的生成规则，不适合进行相关行为分析。客户端 IP 地址的区域性、运营商隔离等性质，在用户行为分析中是重要的参考信息。所以，实现 QUIC 服务器采集经过负载均衡器的用户真实 IP 地址，也是一个需要解决的问题。

负载均衡器可以通过将客户端信息（如客户端 IP 地址、端口等）插入 TCP 的 Options 扩展字段，将这部分信息透传到后端服务器。UDP 报文中无类似区域的 Options 扩展字段，所以将客户端 IP 地址、端口等数据透传、下沉到网络层 IP 报文的 Options 扩展字段中是一个可行方案。

DPVS 负载均衡技术实现了在自定义私有协议及 IP 协议的 Options 扩展字段中插入客户端信息的数据插入方式，用于客户端信息的透传，这在技术上被称为 UOA。

由于不同三层交换机厂商对扩展 IP 协议 Options 的支持态度不一致，因此在默认情况下使用私有协议透传客户端信息。

在 IP 报文上携带客户端信息时需要考虑以下 3 个问题。

- IP 报文的 Options 空间是否充足。

- 新增了 UOA Data 后的 IP 报文是否超过了传输网络的 MTU。

- IP 报文 Options 的 IPOPT_END 是否会覆盖 UOA Data。

在 DPVS 的实现中，IP 报文 Options 空间不足，或者插入 UOA Data 后超过链路 MTU，均会构建独立的仅携带 UOA Data 的报文，先于真实用户数据包进行发送。

对于 IPOPT_END 覆盖问题，事实上 IPOPT_END 不是必需的，Linux 内核中也没有强制要求将 Options 扩展字段的属性设置为 IPOPT_END。

```
for (l = opt->optlen; l > 0; ) {
    switch (*optptr) {
        //仅在 IPOPT_END 标记后的所有选项，才会被 IPOP_END 覆盖
        case IPOPT_END:
    for (optptr++, l--; l>0; optptr++, l--) {
      if (*optptr != IPOPT_END) {
        *optptr = IPOPT_END;
        opt->is_changed = 1;
      }
    }
    goto eol;
        case IPOPT_NOOP:
    l--;
    optptr++;
    continue;
    }
    ......
}
```

解决了上述 3 个问题，下面分别看一下如何使用私有协议和 IP 协议携带 UOA Data。

（1）使用私有协议携带 UOA Data。

DPVS 私有协议——UOA 传输协议将会在 IP 报文头与 IP 报文 Payload 之间（IP 报文头和 UDP 报文之间）插入一段携带用户信息的数据。为了使 RS 能够正确识别这

个信息段，还为该数据段增加了协议头。

UOA 传输协议的定义如下：

```
|+-+-+-+-+-+-+-+-+-|+-+-+-+-+-+-+-+-+-|+-+-+-+-+-+-+-+-+-|+-+-+-+-+-+-+-+-
|
|---Ver.---|-Rsvd.
-|-----Protocol-----|----------------Length---------------|
|+-+-+-+-+-+-+-+-+-|+-+-+-+-+-+-+-+-+-|+-+-+-+-+-+-+-+-+-|+-+-+-+-+-+-+-+-
|
|-------------------------------------Options--------------------
----------------|
```

- Ver：version = 0x1 表示 IPv4，version = 0x2 表示 IPv6。

- Rsvd：保留字段，置 0。

- Protocol：表示紧随其后的报文协议类型，目前该私有协议仅做 UDP 的 UOA 信息传输，因此该值现阶段仅可能为 IPPROTO_UDP。

- Length：Options 长度信息，用于对客户端地址类型进行解析。

- Options：UOA Data。

完整的 UOA 传输协议 IP 报文结构如下：

```
|-+-+-+-+-+-+-+-+|+-+-+-+-+-+-+-+-+-|+-+-+-+-+-+-+-+-+-|+-+-+-+-+-+-+-+-
|
|---Ver.--|--hlen---|-TypeOfService-|----------------IP
Length-------------|
|-+-+-+-+-+-+-+-+|+-+-+-+-+-+-+-+-+-|+-+-+-+-+-+-+-+-+-|+-+-+-+-+-+-+-+-
|
|---------------Identifier--------------|-Flags-|------------offse
t-------------|
|-+-+-+-+-+-+-+-+|+-+-+-+-+-+-+-+-+-|+-+-+-+-+-+-+-+-+-|+-+-+-+-+-+-+-+-
|
|---TimeToLive---|-----protocol-----|----------HeaderChecksum-------
---|
|-+-+-+-+-+-+-+-+|+-+-+-+-+-+-+-+-+-|+-+-+-+-+-+-+-+-+-|+-+-+-+-+-+-+-+-
|
```

```
|---------------------Source              Address(ipv4=32,ipv6=128)
-------------------|
|-+-+-+-+-+-+-+-+-+|+-+-+-+-+-+-+-+-|+-+-+-+-+-+-+-+-|+-+-+-+-+-+-+-
|
|---------------------Dest                Address(ipv4=32,ipv6=128)
-------------------|
|-+-+-+-+-+-+-+-+-+|+-+-+-+-+-+-+-+-|+-+-+-+-+-+-+-+-|+-+-+-+-+-+-+-
|
|----------------------------------Options&padding-------------------
-------------|
|-+-+-+-+-+-+-+-+-+|+-+-+-+-+-+-+-+-|+-+-+-+-+-+-+-+-|+-+-+-+-+-+-+-
|
|---Ver.---|-Rsvd.
-|-----Protocol-----|-----------------Length----------------|
|-+-+-+-+-+-+-+-+-+|+-+-+-+-+-+-+-+-|+-+-+-+-+-+-+-+-|+-+-+-+-+-+-+-
|
|-------------------------------------------UOA
Data----------------------------------|
|-+-+-+-+-+-+-+-+-+|+-+-+-+-+-+-+-+-|+-+-+-+-+-+-+-+-|+-+-+-+-+-+-+-
|
|-----------------------------------------UDP
header-----------------------------------|
|-+-+-+-+-+-+-+-+-+|+-+-+-+-+-+-+-+-|+-+-+-+-+-+-+-+-|+-+-+-+-+-+-+-
|
```

（2）通过 IP 协议携带 UOA Data。

通过 IP 协议携带 UOA Data，需要在 IP 报文的 IP Options 字段中插入 UOA Data。插入 UOA Data 后的 IP 报文结构如下：

```
|-+-+-+-+-+-+-+-+-+|+-+-+-+-+-+-+-+-|+-+-+-+-+-+-+-+-|+-+-+-+-+-+-+-
|
|----------------------------------IP                Fixed
Header----------------------------------|
|-+-+-+-+-+-+-+-+-+|+-+-+-+-+-+-+-+-|+-+-+-+-+-+-+-+-|+-+-+-+-+-+-+-
|
|---------------------------UOA                      Data&Options
```

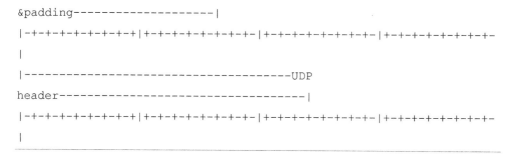

```
&padding-------------------|
|-+-+-+-+-+-+-+-+-+|+-+-+-+-+-+-+-+-|+-+-+-+-+-+-+-+-|+-+-+-+-+-+-+-+-
|
|--------------------------------UDP
header-----------------------------|
|-+-+-+-+-+-+-+-+-+|+-+-+-+-+-+-+-+-|+-+-+-+-+-+-+-+-|+-+-+-+-+-+-+-+-
|
```

最后，在后端服务器的 UOA 内核模块中，调用 Netfilter 的 LOCAL_IN()钩子函数，分别对两种报文形式进行相关解析即可还原客户端 IP 地址。

3. QUIC 协议的应用

如何从 HTTP1.x 转向 QUIC 协议？

启用 QUIC 协议的方案有如下两种。

方案一：客户端基于支持 gQUIC 的 cronet 进行开发，服务器端选择基于 Chromium 项目下的 gQUIC 进行相关服务开发。长期看来，gQUIC 有向 HTTP3.0 合并的趋势，后续需要维护两个 QUIC 分支；其优点是 Google 在这方面提供了成熟的使用案例以便大家参考，因此可以实现快速开发。

方案二：客户端基于 HTTP3.0 的 Libcurl 进行开发，服务器端按照 HTTP3.0 进行相关开发。长期看来，HTTP3.0 会成为行业标准，客户端无须再进行改动，即使对 HTTP3.0 进行协议降级后客户端也无须改动；其缺点是由于 HTTP3.0 发布的时间还较短，可以参考的资料有限。

目前，基于 gQUIC 完成度较高的开源项目有 Caddy（见链接[19]）。Caddy 是一个采用 Golang 开发的 WebServer，对 QUIC 协议的支持主要由 quic-go（见链接[20]）库提供。quic-go 项目通过 QUIC 标准趋势分析预测 IETF 标准的 QUIC 协议将在下一个 HTTP 标准中胜出，已经停止对 gQUIC 分支进行更新。

基于 HTTP3.0 的开源项目有 liteSpeed（见链接[21]），以及 CloudFlare 开源的 quiche（见链接[22]）的 Nginx Module。

由于 HTTP1.x 的服务存量庞大，因此 HTTP1.x 的服务器端要支持 QUIC 协议并不是一件简单的事，各端重新开发支持 QUIC 协议的服务器端是一个效率极低的方式。在 QUIC 协议的客户端及 HTTP1.x 的服务器端之间引入代理层，将 QUIC 请求解析为 HTTP1.x 请求在私有网络中转发是最为高效的支持 QUIC 协议的方式。HTTP1.x 通过 QUIC 代理层支持 QUIC 协议的架构如图 6-16 所示。

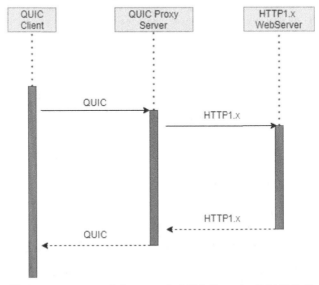

图 6-16　HTTP1.x 通过 QUIC 代理层支持 QUIC 协议的架构

上文提到，Caddy 支持从 QUIC 到 HTTP1.x 的反向代理功能。在生产环境中，我们也需要四层负载均衡器后面的 Caddy 服务器来记录日志及客户端 IP 地址。但是，原生的 Golang 网络库中没有导出连接 FD 的方法，进而无法获取用户 IP 地址。因此，需要在 Golang 网络库的 UDP Conn（见链接[23]）接口中新增一个 UdpFd() 方法用于返回文件描述符 FD，代码如下：

```
func (c *UDPConn) UdpFd() (int, error) {
    if !c.ok() {
            return -1, syscall.EINVAL
    }
    return c.fd.pfd.Sysfd, nil
}
```

然后，Caddy 依赖的 quic-go 库的 UDP 包处理函数 handlePacket（见链接[24]）就可以从 UDPConn 中还原客户端 IP 地址。

如果对 Caddy 的性能有疑虑，则可以考虑使 Nginx 支持 QUIC 模块。目前，IETF 的 HTTP3.0 也只是以草案方式提出，还在快速迭代中。相较之下，gQUIC 在 Google

内部的使用时间更长，可参考的实现更多，并且如上文分析，Google 的 gQUIC 还包含了应用层 HTTP 的实现，借助 Chromium 框架实现 Nginx 的 QUIC 模块支持是一个比较稳妥的方法。

QUIC -> HTTP 方向的流程比较简单，Nginx 的每次读事件都要将读到的 QUIC 帧交给 Chromium 框架的 QuicFramer 进行解析。

HTTP -> QUIC 方向则需要借助 filter 框架，将请求通过 Chromium 框架发送回去。

6.5　DNS 协议优化

DNS 即域名解析协议，客户端向服务器发起通信时，会经过 DNS 解析查找，将域名转换成 IP 地址。我们先了解一下 DNS 解析流程，再讨论如何进行 DNS 协议的优化。

DNS 解析流程主要包括 5 个步骤：①查找浏览器缓存；②查找系统缓存；③查找路由器缓存；④查找 ISP DNS 缓存；⑤迭代查询。

通过 DNS 解析流程我们可以知道，DNS 协议的优化可以从以下两个方面进行：减少 DNS 请求数量和缩短 DNS 请求时间。

减少 DNS 请求数量可以通过减少域名数量和增加 DNS 缓存避免重定向来实现。我们可以使用浏览器、服务器和计算机 DNS 缓存防止 DNS 迭代查询，并利用 HTTP 协议的 keep-alive 特性保持 TCP 连接以降低 DNS 查找频率。现在，我们还可以采用 DNS 预解析，在用户打开页面之前进行域名解析，减少用户等待时间，提高用户体验。

此外，对于内网服务，我们可以集成服务发现机制，定期将域名解析同步到本地。爱奇艺设计了一个内网调度中心服务，其架构如图 6-17 所示，业务方将域名服务注册到 consul 集群，在客户端安装改进的 dnsmasq，并将要访问的域名添加到配置文件中，这样客户端的 dnsmasq 进程就会定期到 consul 集群中获取域名对应的 IP 地址，并将其缓存到本地。当客户端访问该域名时，DNS 解析请求会被 dnsmasq 劫持，直接返回本地缓存域名对应的 IP 地址。这个 DNS 解析过程是在本地完成的，基本无延迟。

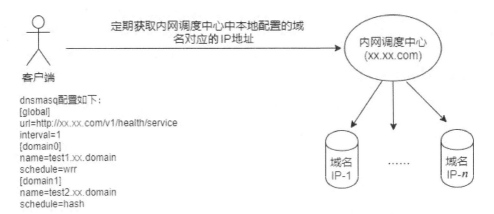

图 6-17　爱奇艺内网调度中心服务架构

第 7 章　性能优化

在第 6 章中，我们了解了如何通过协议的优化来改善服务质量，本章主要探讨如何对负载均衡器进行性能优化。首先明确性能指标所涵盖的主要内容；其次分析一下性能方面的挑战，也就是我们需要优化的地方；再次介绍四层负载均衡技术实现性能优化的相关技术，并重点介绍使用 DPDK 加速四层负载均衡器 LVS 的实践方案 DPVS；最后介绍七层负载均衡的优化方法，针对优化后的负载均衡器进行性能测试，并进行对比。

7.1　主要性能指标

为了能有的放矢，在探讨负载均衡器的性能优化问题之前，我们先要明确如何衡量、评价负载均衡器的性能。下面结合负载均衡器的应用场景，简单介绍网络设备的主要性能指标。

1. 带宽

带宽（Bandwidth）一般是衡量网络速度的标志。当我们讨论通信链路的带宽时，一般指链路上每秒传输的最大比特数；当我们讨论网络设备的带宽时，一般指该设备的网络接口支持的每秒传输的最大比特数。带宽的单位是 bps（bits per second）。负载均衡器作为一种网络设备，其网卡速度可以作为带宽的衡量指标。随着网卡技术的进步，千兆、万兆网卡已成为数据中心的主流配置，25GB/40GB/100GB 网卡也开始逐步在实际中应用。对于大部分业务场景，网卡的物理带宽对负载均衡器性能的约束已经不再是问题。

2. 吞吐量

吞吐量（Throughput）是系统在给定时间内能够处理的信息量的一种度量。在网络数据传输领域，吞吐量是网络从一个节点到另一个节点每秒传输的实际有效比特数，单位是 bps（bits per second）。我们常用"吞吐量"评价一个系统的观测性能，即系统在一段时间内测量到的传输有效比特数的平均值。网络的吞吐量不仅受网络带宽、延时等链路物理性能约束，而且受应用服务软件性能的影响。在一个复杂的系统中，吞吐量最小的节点决定着整个系统的总体吞吐量。

3. 延时

延时（Latency）是数据在系统中传输需要的时间，即数据从开始发送到送达对端需要的时间，单位一般用 ms（millisecond，毫秒）。延时分为单向延时（One-way Latency）和往返延时（Round-trip Latency），在实际测量时一般采用往返延时。

> 延时和吞吐量有什么关系？很多人会认为低延时意味着高吞吐量，其实这种观点是不正确的。比如，高负载运行的长肥管道网络（Long Fat Network）的网络延时很高，但其吞吐量也很大。打个比方，如果把吞吐量看作人的胖瘦，那么延时就相当于人的高矮，这两个指标没有必然的联系。

4. 包转发率

包转发率是网络在单位时间内转发的包的数量，单位是 pps（packets per second）。负载均衡器的主要功能是数据转发，作为无状态的四层负载均衡器，包转发率体现了其处理数据包的速度和效率，因此一般将包转发率作为衡量四层负载均衡器最关键的性能指标。网络链路支持的最大包转发率称为"线速"（Wire Speed），根据网络带宽、传输介质和相关协议规范，可以计算出网络链路的最大包转发率（线速）和最小包转发率。以万兆以太网（Ethernet）为例，其网络带宽为 10Gbit/s，因为不可能每个比特都是有效数据，以太网两个帧之间有默认 12 字节的帧间距（Inter-Frame Gap，IFG），每个帧之前还有 7 字节的前导（Preamble）、1 字节的帧首定界符（Start Frame

Delimiter，SFD），所以以太网的包转发率为：

$$包转发率 = \frac{Bandwidth}{8 \times \left(IFG + Preamble + SFD + Payload\right)}$$

在以太网中，一个帧的物理长度的计算方法如表 7-1 所示。

表 7-1　以太网帧物理长度计算方法

帧构成单元	最小长度（字节）	最大长度（字节）
帧间距（IFG）	12	12
帧前导字符	7	7
帧定界符（SFD）	1	1
源 MAC 地址	6	6
目的 MAC 地址	6	6
帧类型	2	2
帧载荷（网络 PDU）	46	1500
帧 CRC 校验	4	4
帧物理总长	84	1538

因此，对于万兆以太网络来说，最大包转发速率范围是 0.08～14.88Mpps。即，当网络 PDU 为最小值 46 字节时，理论线速可达 14.88Mpps；当网络 PDU 为最大值 1500 字节时，包转发率最大能达到 0.08Mpps。对于实际的以太网，每帧的网络 PDU 不可能完全一样，因此万兆以太网络的实际最大包转发率的范围为 0.08～14.88Mpps。

> 万兆以太网络的最大包转发率为 0.08～14.88Mpps，实际包转发率其实为 0～14.88Mpps。14.88Mpps 是万兆以太网络理论可达的最大线速，要"实现"这个转发速度，至少要满足两个条件：一个条件是数据包发送无间隔，网络有充足的数据包来源；另一个条件是转发设备对数据包进行处理的时间低于 67.2ns，即 $1/(14.88Mpps)s$。

5. 最大并发连接数

最大并发连接数是网络设备能够同时维护的最大会话连接的数量，其主要受如下几个因素的影响。

- 地址空间：可以用套接字对（SocketPair）唯一标识一个网络连接，一个套接字对由五元组"协议、本地 IP 地址、本地端口、远端 IP 地址、远端端口"组成。远端 IP 地址和远端端口作为服务的访问地址通常是固定的，因此在不考虑连接复用的情况下，一个网络节点可以支持的最大并发连接数不超过"本地 IP 地址"和"本地可用端口范围"的乘积。

- 内存大小：每个连接的维持都需要一定的内存开销，对于内存较小的设备，内存很可能成为最大连接数的制约因素。

- CPU 性能：在负载均衡器中，连接通常以哈希表的形式存在。连接数的增加意味着哈希表冲突的概率增加，而解决哈希表冲突需要消耗额外的 CPU 时间。因此连接数越大，哈希表冲突的概率就越大，新建连接的速度也越低。在使用短连接形式的服务中，当新建连接的速度下降到小于连接消亡的速度时，系统的最大并发连接数就不能再增加了。

6. 每秒事务数

每秒事务数是指在单位时间内能够完成的特定类型的操作数量，单位是 tps（transactions per second）。"事务"用于表示由一系列动作组成的具有特定完整意义的操作。对于负载均衡器，我们主要关心如下两种事务性能指标。

- 每秒请求查询数（qps）：负载均衡器每秒能转发的用户查询和处理的数量，单位是 qps（queries per second），主要用于评价七层负载均衡器的性能。

- 每秒新建连接数（cps）：负载均衡器每秒能接受的用户新建连接的数量，单位是 cps（connections per second），主要用于评价四层负载均衡器的性能。

7.2 性能挑战与分析

中国互联网用户的规模巨大且还在不断增长，这就要求作为流量分发的负载均衡器要有很高的性能。下面具体分析一下传统的负载均衡器的性能问题。

7.2.1 C10K 问题及 C10M 问题

从前文介绍的性能指标我们可以看到，评价系统的性能是有多个维度的。随着互联网规模的迅猛发展，客户端数目及同一时间内建立的连接数目越来越多，这对服务器处理并发连接的能力提出了挑战。而对于一个大型网站的高性能网络服务器来说，其主要需求和瓶颈往往在于并发。

在互联网的发展初期，1999 年 Dan Kegel 提出了 C10K 问题，当时服务器以 1Gbit/s 的速率为 10 000 个客户端提供服务，当硬件没有瓶颈时软件能否抗住高并发？随着"事件驱动模型"的出现，C10K 问题得到了有效的解决，例如，事件驱动在 Epoll、Kqueue 等系统调用上的实现和在以 Lighttpd、Nginx、Libevent 等应用上的实现。它们改善了原来基于多进程和多线程的模型，大幅提高了服务器的并发处理能力。

如今，大家担心的早已不是 C10K 问题，而是 C10M 问题：服务器的软件性能能否跟上业务的发展和硬件的发展？能否每秒处理千万数量级的并发连接和 10Gbit、25Gbit，甚至 100Gbit 的流量，达到 14.88Mpps 万兆网卡的理论线速或更高的线速极限？SMP（Symmetric Multiprocessing，对称多处理）架构、NUMA（Non-Uniform Memory Access，非统一内存访问）架构下多核心的服务器性能的可扩展性如何？

关于 C10K 问题和 C10M 问题，互联网上有大量的文章介绍，写得都很不错，所以这里不再深入探讨，大家可以参考互联网上的文章。下面分析一下传统负载均衡器 LVS（Linux Virtual Server，Linux 虚拟服务器）的性能瓶颈及其产生的原因，然后介绍一下实现高性能负载均衡的关键技术，再以一个基于 DPDK（Data Plane Development Kit，数据平面开发套件）实现的高性能四层负载均衡器为例，展示如何实践这些技术。

7.2.2　LVS 性能瓶颈分析

LVS 最早由章文嵩开发，核心转发部分是 Linux 内核 Netfilter 网络架构中的一个名为 IPVS 的子模块。随后国内多家公司对其进行了改造，如增加 FullNAT 转发模式和 SYNPROXY 功能（见链接[25]）、SNAT 转发功能等。其中，FullNAT 转发模式被广泛使用的主要原因是其部署和运维十分简单、方便，该转发模式对 LVS 服务器和后端服务器所处的网络环境没有要求，可以跨二层网络部署，同时不需要在后端服务器上进行额外的 IP 地址、路由策略、ARP（Address Resolution Protocol，地址解析协议）抑制等复杂配置。

既然 LVS 的核心模块 IPVS 是基于 Linux 内核实现的，那么我们就不得不面对这样一个现实，在高性能网络环境下，内核会成为性能瓶颈。这么说也许有人会奇怪，毕竟内核给人的印象一向是高水准及高性能。实际上，多年来对内核网络部分的优化也从未停止，为何会成为性能瓶颈呢？

我们先看两组数据，如图 7-1 和图 7-2 所示，一组来自 Google Maglev（见链接[26]），即（Maglev 负载均衡器在 Linux Kernel 模式及 Kernel Bypass 模式下的性能比较，另一组来自 mTCP（见链接[27]），即 Linux 多核系统下 mTCP 用户态协议栈模式（mTCP）、REUSEPORT 模式（REUSEPORT）、REUSEPORT Multiprocess 模式（Multiprocess）及基本模式（Linux）下系统的连接吞吐量性能比较，通过观看图 7-1 和图 7-2 中的两组数据我们可以对内核性能瓶颈有一个直观的印象。

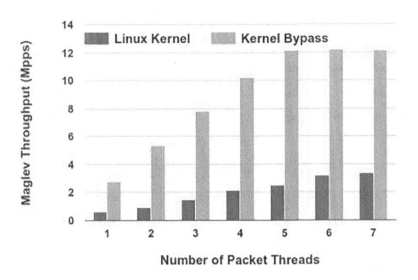

图 7-1　Linux Kernel 模式和 Kernel Bypass 模式下的 Maglev 吞吐量

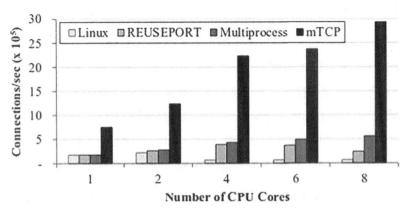

图 7-2　不同模式下多核系统的连接吞吐量性能比较

不难看出，一方面，在只有一个 CPU 核心的情况下，基于内核的方案在转发性能上不如 Kernel Bypass 方案；另一方面，在 SMP/NUMA 体系结构具有多核心 CPU 的情况下，Kernel Bypass 方案可以实现性能随 CPU 核心数量的线性扩展，但是内核却很难做到。

LVS 的核心转发部分 IPVS 是在内核态实现的，虽然不同的版本有 PER-CPU 连接表、缩小锁的范围、报文尽早处理（pre_routeing）等优化手段，但对于高并发的负载均衡器来说，来自内核的性能问题依然存在。

7.2.3　内核成为瓶颈的原因

为什么内核会成为负载均衡器性能的瓶颈呢？总结下来，大致包括以下几个方面。

- 上下文切换。

- 资源共享与锁的使用。

- 中断风暴。

- 强大且复杂的网络协议栈。

- 数据复制。

下面来依次说明一下。

1. 上下文切换

从广义上来说，上下文切换包括用户态/内核态的切换、多进程/线程上下文的切换等。上下文切换有一定的开销，应该尽量避免频繁切换。如果需要提高性能，则应用程序可以选择将任务和 CPU 核心进行亲和性绑定，而非采用大量线程或进程的模型。就像 Nginx 中的 Worker 进程所做的，将 Worker 进程数量设置为使用的 CPU 核心数，各个 Woker 进程之间对等且相互独立，每个 Worker 进程绑定一个 CPU 核心，一个请求始终在同一个 Worker 进程中处理，从而将多进程间上下文切换的开销降到最低。

> 如果想更好地理解事件驱动模型和异步编程，则可以参考 "C10K 问题" 及其对应的具体的实现：Nginx、Lighttpd、Libevent 等。

2. 资源共享与锁的使用

我们知道，像 UNIX、Linux 这样的时分复用操作系统的一个基本目标就是提高资源利用率，使多个用户或多个进程/线程同时使用操作系统的资源，并且让它们都以为自己"独占"了资源。通过多个进程/线程共享资源并分时切换的实现，一个 CPU 核心可以并发执行多个任务。现代的 SMP、NUMA 等技术更是让多个进程/线程在物理上并行化。不管是什么形式，在有资源共享的情况下，一定要保护资源，不然就会产生竞争条件。为了使共享资源不会被竞争破坏，只能为其加上各式各样的锁，或者采用类似技术，如原子变量、内存屏障等。

加锁就意味着，当拿不到资源时只能等待（不论是切换出去等，还是忙等），这会造成 CPU 浪费，降低性能。在系统使用 SMP 或 NUMA 架构和进程、线程数量变多的情况下，上述 CPU 浪费的问题则更加突出。虽然人们采用各种优化锁的技术，如读/写锁、spinlock、RCU、顺序锁等来减少锁对性能的影响，但是不管怎么个"锁"法，都不如"没锁"来得高效。

不过，从内核资源共享的本质上来看，不使用锁是不可能的。就内核的协议栈来说，虚拟设备需要锁、L2/L3/L4 分用的表需要锁、Netfilter 的 Hook 表需要锁、Conntrack 需要锁、路由/ARP/IP 地址需要锁、TCP/UDP 层需要锁、Socket 层需要锁、TC（qdisc）需要锁等。

毕竟，UNIX/Linux 是"通用目的操作系统"，从来就不是为单个进程或某个特定高性能场景服务的"专用设备"而设计的，设计之初也没有考虑要为 SMP、NUMA 多 CPU 核心进行优化，多年来的性能提升和优化只能在资源共享、公平的前提下进行。比如，缩小锁的范围，使用合适的锁，有些地方甚至可以用 PER-CPU 的资源分配方式避免锁的使用。但终究太多资源共享了，不能破坏多用户、多任务、通用系统、公平这些大前提。因此，在某些特殊的高性能领域内，内核协议栈表现得不够高效就比较好理解了。这些领域包括高速数据包转发、抗 DDoS（Distributed Denial of Service，分布式拒绝服务）攻击等。另外，硬件性能，如网卡性能逐渐提高，网卡速度从 100Mbit/s 提高到 1Gbit/s、10Gbit/s、25Gbit/s、100Gbit/s，硬件不再是性能的瓶颈。如果只是为了某个单一类型的应用，硬件是可以定制的。对于这种高性能要求的专有应用情况，为什么还要运行一个完整的操作系统及其复杂通用的协议栈呢？

3. 中断风暴

我们知道，内核网卡驱动的收发包部分是通过硬件中断和下半部（bottom-half）软中断实现的，通过 NAPI（New API）接口实现了"中断加轮询"的方式，一方面利用中断来及时处理响应，避免对用户造成延迟，另一方面为兼顾吞吐量等性能，每次软中断处理函数都会以一定的配额尝试轮询（polling）多个设备的报文。这种机制与各种硬件卸载（offload）和软件优化方案相结合，能够最大限度地兼顾大部分场景的延时和性能需求。

然而在高性能、高包转发率的特殊网络应用场景下，这种模式依然不够好，当网络 I/O（尤其是包转发率）非常大时，在 Linux 中通过 top 命令就可以看到 CPU 被大量消耗在软中断及其处理函数上。在实践中，我们可以设置"中断/CPU 亲和性"，充分利用网卡多队列和 CPU 多核心的能力，只是收发包依然会成为系统瓶颈。

关于中断风暴造成 CPU 浪费及性能瓶颈的问题，DPDK 的答案是用轮询代替中断。为什么是"轮询"？提到轮询，大家首先想到：轮询间隔太短浪费 CPU，轮询间隔过长会造成不必要的延迟和收包不及时，怎么设置这个轮询间隔都不好。但是，如果不考虑 CPU 浪费，没有间隔，以"死循环"方式进行轮询，每次轮询时都尝试批量读取和处理数据，那么不仅能解决延迟问题，性能也能得到大幅提升。毕竟这个 CPU 的核心在于全力进行包的接收和处理。

4. 强大且复杂的网络协议栈

内核网络协议栈实现了太多的复杂功能，如 Netfilter 及相关的表和规则、Conntrack 系统、各种各样的 QoS（Quality of Service，服务质量）。这意味着一个数据包在内核中需要经过很多函数进行处理，路径非常长，看似微小的消耗会积少成多。即便将每个函数都优化到极致，不去耗费 CPU 太多时间，那么如果一个数据通过的函数调用链过长，其累计的性能消耗也会比较大。如图 7-3 所示（图片来自 ACM 论文，见链接[28]），内核网络协议栈收发部分的高度是不是特别"高"？这是由于多层函数调用累计的消耗所造成的。在某些特殊的场景下，其实不需要那么多功能。

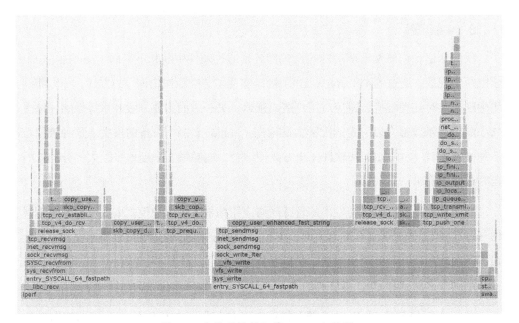

图 7-3　内核网络协议栈 CPU 火焰图

5. 数据复制

在用户态和内核态之间进行直接的数据复制会十分消耗 CPU 的资源。当网络数据通过内核和用户空间边界时，不但会产生系统调用的开销，还会产生一次额外的数据复制的开销。如果从网卡 DMA 到内存，那么整个数据复制的处理过程中不存在额外的数据复制，则性能也可以获得不错的提升。Linux 的 Sendfile 机制就可以避免这种数据复制开销。而 Kernel Bypass 方案可以避免内核态和用户态之间直接进行数据复制。

说明一下，数据复制对于内核态实现的 LVS 的性能的影响较小，因为内核态实现的 IPVS 是不需要把数据复制到用户态后再复制到内核态的。但是，对于在内核态下进行收发包，而在用户态下处理应用逻辑的上层应用服务，进行数据复制时 CPU 开销是一个不可忽略的性能影响因素。我们只是指出数据复制非常影响性能，实现时要尽可能避免。

7.3　高性能四层负载均衡关键技术

7.2 节介绍了传统四层负载均衡器的瓶颈，本节将针对前面提到的问题，讨论一下优化的方法。

7.3.1 Kernel Bypass 技术与 DPDK

怎么才能提高性能呢？经过前面的分析，我们知道传统 LVS 在高并发高流量下的性能瓶颈主要集中在内核上。想要解决这个瓶颈，最简单直接的方法就是使用"Kernel Bypass"绕过 Linux 内核，这样就没有了上述那些性能约束。当然，事情并没有那么简单，下面就从"Kernel Bypass"开始，结合其他一些比较重要的技术，逐步分析如何综合利用这些技术来提高性能。

1. Kernel Bypass 的优点和缺点

先来看一下 Kernel Bypass 的优点和缺点。Kernel Bypass 的优点如下。

- 高性能。使用 Kernel Bypass 技术可以避开内核的性能瓶颈，解决上述提到的几个问题，带来成倍的性能提升。

- 相对于内核态，用户态开发和被采纳的周期更短。对比 QUIC 和 TCP 的改进就可以知道，很多功能都可以在用户态 QUIC 上快速实验和应用，但是在 TCP 中实现则意味着漫长的内核开发、采纳时间。还有一个问题是无法强制用户经常升级内核，但升级一个应用软件（App）却十分常见，且成本不高。用户态有各种各样的调试、分析手段和工具。调试时可以直接使用 gdb 或 IDE，如果程序崩溃了，则可以直接重新运行，分析 coredump 十分方便。虽然有很多内核调试的技术，但调试用户态程序还是比较复杂的。

不过"没有免费的午餐"，我们还是要看一看使用 Kernel Bypass 要面临的问题，即 Kernel Bypass 的缺点如下。

- 需要重建复杂、庞大、烦琐的协议栈。内核被绕过之后，内核的协议栈也就不能使用了，我们需要在用户态下重建 TCP/IP 协议栈，想象一下这里有多大的工作量。而且多少人有把握重新实现一个协议栈呢？哪怕只是完成它，而不需要使它能像内核一样稳定、完善，能应付各种需求、处理各种正常和异常情况，在不同的场景下都保持可靠和高效。

不过这里要说明两点。

- 事实上，目前已经有不少各有特色的用户态协议栈，如 seastar、mTCP、LKL、

ODP/OFP、LwIP、F-Stack、libuinet 等，以 F-Stack 为例，开发人员经过早期自研协议栈后最终还是决定使用成熟的 BSD 栈（借鉴了 libuinet），然后利用 Share-Nothing 思想，让每个 CPU 运行独立的协议栈，互不影响。这个做法比较巧妙，既可以带来客观的性能提升，又能够实现成熟完善的协议栈支撑功能。

- 有些应用场景其实并不需要完整的协议栈，如 L2/L3 数据转发、四层负载均衡。四层负载均衡只需要四层端口信息（或 App 的某个标识），并不需要实现完整的 TCP/UDP 和 Socket 层。如果只是实现三层功能（IP/ARP/Route/ICMP），那么虽然也很麻烦，但比实现一个支持各种拥塞控制又无缺陷的 TCP 层，或者支持各种功能选项的 Socket 层要好很多。

- 失去了多任务的能力。没有了内核协议栈，使用定制的协议栈也许保证了高性能，但同时也失去了多任务的能力。比如，网卡会被 Kernel Bypass 技术（如 DPDK）完全接管，普通的应用甚至看不到它们，无法直接使用它们。使用用户协议栈实现了高性能却隔离了应用，可能使它们无法在同一个系统上同时运行。

> 网卡被某个 DPDK 应用服务接管后，就无法用来运行 SSH 这样的应用了，不过这个问题可以通过 KNI 技术解决。但 KNI 技术只能解决一部分问题，毕竟这部分（SSH）数据又会在 Linux 内核协议栈中被处理，KNI 技术无法实现高性能。

不过，对于单一目的的系统，如一台服务器只用来做负载均衡器或 HTTP 服务器，就不会出现这个问题。这也就是前文所述的"通用"与"专用"的一个实例。

- 失去了许多内核的配套功能。比如，没有了 ifconfig/ip 命令，在调试、排障时要随手抓个包才能发现 tcpdump 很难真正用起来，也找不到相关的系统状态/proc 文件。无法使用现有的基于这些工具的分析和监控、部署脚本等一整套配套的东西，更别谈使用 iptalbes 搭建防火墙和基于内核调参进行优化了。这些都会给调试、排查问题和运维造成麻烦，还会增加工具、脚本等配套设施的开发成本。虽然开发用户态应用变得方便了，但相关配套的成熟的东西却少了。

- 稳定性、安全性等问题。即使不考虑开发工作量，只从 Kernel Bypass 新用户态协议栈稳定性来看，它也显然没有经过 Linux 内核那么多年的沉淀，而且有多少项目能像 Linux 内核一样有许多顶级程序员参与，并长期保证高质量输出（包括各个稳定发布版本）呢？除了稳定性，还有如何保证安全性（包括安全相关的功能和代码本身的安全性会不会有很多漏洞等）问题。

2. Kernel Bypass 的应用场景

了解了 Kernel Bypass 的优缺点，接下来就可以看一看它适合的应用场景。总体来说这类场景有两个特点：一个是基于 Linux 内核的方案无法满足性能要求，包括"高性能要求"及"低延时要求"；另一个是 Kernel Bypass 的实现不需要高昂的人力成本和漫长的时间成本，一般是不需要完整协议栈的专用业务场景的。

比如，数据转发，包括在二三层交换器、路由器及负载均衡器等上进行的转发，这属于高性能的应用，需要达到每秒千万数量级甚至更高的包处理速度。又比如，抗 DDoS 攻击，当系统受到大流量、高并发的 DDoS 攻击时，大量的数据包会使 Linux 内核产生大量的中断、上下文切换，从而耗尽服务器的 CPU 资源，导致服务中断。由于数据转发和抗 DDoS 攻击并不需要完整的协议栈支持，所以它们都是应用 Kernel Bypass 的合适场景。

3. Kernel Bypass 与 Linux 内核自身进化的关系

当然，Linux 内核也在不停地进化，如开源的 Alibaba/LVS，它的 Linux 内核还停滞在 2.6.32 版本，这已经是非常"老"的内核了。实际上，Linux 内核对性能的追求从未止步。从多年前的"中断+轮询"、设备驱动 NAPI 和上下半部改造、RPS/LRO/GRO、端口重用等各种优化的引入，到最近在 XDP/eBPF 方面的努力、Facebook 开源的基于 XDP 的负载均衡器，还有不断在进行优化的各种 TCP 层、Socket 层。Linux 内核自身进化的手段如此之多。所以说，Kernal-Bypass 技术和 Linux 内核自身的进化是一个相辅相成的动态发展的过程。

7.3.2　Share-Nothing 思想

提高性能的另一个关键点是 Share-Nothing 思想。前文在分析 Linux 内核为何是瓶颈时提到，"资源共享和锁的大量使用"是影响 Linux 内核性能的一个重要因素。如何才能避免锁的使用？最根本的就是利用 Share-Nothing 思想，让每个 CPU 内核（或任务）不需要再共享资源，那么自然也就不需要用锁去保护这些资源了。

前文提到，Linux 内核在 CPU 共享了大量数据，如全局 UDP 哈希表、Netfilter Hook 表等，还有内核的 accept 队列。根据 mTCP 论文，Linux 内核的几大性能限制如下。

- 缺乏连接本地化。

- 共享文件描述符空间大小限制。

- 低效的 Per-Packet 处理。

- 系统调用开销的限制。

其中，前两点与资源共享和锁相关。如果让诸如 TCP/UDP 的连接表（或 LVS 连接表）做到 Per-Core 化（即资源在每个 CPU 内核上进行本地化），就能大幅提高性能。因为连接表的插入、查询和删除在高并发场景下是一个十分突出的性能"热点"。

然而做到这一点并不容易，因为在这个过程中会引入额外的问题，增加开发和实现的复杂度，如"返程数据亲和性问题""配置同步的问题"等。

7.3.3 避免上下文切换

上下文切换的开销是非常大的，这也是为什么 Nginx 这样的事件驱动服务器可以解决 C10K 问题，且性能远超当时采用多进程模型的 Apache 服务器。即便采用进程（线程）池也仅能缓解上下文切换开销大的问题，现代的高并发解决方案通常都是利用单个进程（线程）结合 I/O 复用技术（Epoll/Kqueue 等）来处理大量的用户请求的，避免上下文切换开销。

虽然在使用 Kernel Bypass 的情况下无法直接使用 Epoll 这样的 I/O 复用技术，不过这依然不妨碍通过"避免上下文切换"这样的方式提高性能。

为了避免负载均衡器中的上下文切换，我们可以对多个负责转发的任务和特定 CPU 核心进行亲和性设置，然后禁止其他进程调度这些 CPU 核心。如此，每个 CPU 只专注于运行一个任务，每个 CPU 只有一个进程（线程），没有了多进程（线程）并发也就没有上下文切换的必要。这样再结合网卡多队列和任务的绑定，将同一个 TCP/UDP 连接交由特定的 CPU 核心处理，就可以在 CPU 核心之间分离连接表、避免锁的使用，进一步提高效率。

如果将概念向外拓展，那么避免上下文切换也包括避免用户态和内核态之间的切换、避免中断和进程上下文之间的切换。使用 Kernel Bypass 后，数据包收发和处理都在用户态下进行，自然就不存在用户态和内核态的切换问题。Kernel Bypass 方案通常使用轮询方式收发数据，这可以极大限度地避免中断和进程上下文切换带来的性能问题。

7.3.4　使用轮询而非中断

前文在介绍内核瓶颈时，就讲到与中断模式相比，使用轮询方式收发数据的效率会更高。虽然轮询方式占用了 CPU 的空闲时间，但是能让 CPU 专心对数据包进行处理和转发。但从实践的角度上来说，可以通过合理部署业务让服务器始终保持较大的流量，从而尽可能地发挥 CPU 高效轮询的处理能力。如果某个业务流量确实不大或有较大的波动，则可以采用业务混部的方式保证服务器有一定的大流量，也可以通过错峰部署业务，把不同流量高峰时间的业务部署在同一组服务器上，保证服务器能在一天的不同时间一直保持着高流量。很多类似的实践都可以显著提高 CPU 的使用效率。

7.3.5　避免数据复制

前文已经分析过，网络数据通过内核和用户态边界时，不但会产生系统调用的开销，还会产生一次额外的数据复制的开销。如果能从网卡进行存储器直接访问（Direct Memory Access，DMA）来获取数据到内存，那么整个处理过程就不存在额外的数据复制，也能提高性能。Linux 的 Sendfile 机制就可以避免这种数据复制开销。而 Kernel Bypass 方案（如利用 uio）可以避免用户态和内核态的数据复制，对于在用户态下转发数据的情况 Linux 内核会有两次数据复制。

7.3.6　其他技术

这里简单罗列一下其他提升性能的技术，有些是 DPDK 自己提供的，有些是类似"最佳实践"的东西。

- 使用预分配的内存（cache）。如 Linux 内核的 kmem_cache、DPDK 的 mempool 等都是此类优化的实例。性能对比显示，使用原生的 malloc/free 在频繁分配释放的场景下确实太慢了。

- NUMA 感知。在 NUMA 结构中，每个 CPU 访问本地存储都快于访问其他 CPU 的存储，所以让合适的 CPU 核心去访问和它们在同一个 NUMA 节点的网卡能够提高效率。

- 大页内存。这是 DPDK 的自带特性，使用大页内存可以提高 TLB 的查找命中率。

- 指令预取。合理地使用指令预取，可以提高缓存命中率。

- 分支预测、内联函数、缓存行对齐。合理使用 likely 和 inline、合理设计关键结构的大小、注意使用缓存行对齐，这些都是 Linux 和 C 语言编程的良好实践。

7.4 使用 DPDK 加速四层负载均衡

上文介绍了 LVS 的性能瓶颈及如何通过一些技术手段提高性能，下面以开源的 DPVS 项目为例（见链接[29]），看一看如何使用 DPDK，在用户态下实现一个高性能的四层负载均衡器。

我们先从大的视角看一下 DPVS 的目标和总体设计架构。有些设计要求是一开始就有的，如性能提升的要求、兼容 LVS 的要求，有些则是实现和应用过程中逐步演化和加入的，并非在项目开始时就有很明确的目标，如 VLAN、SNAT、一致性哈希支持。这在软件设计中比较常见，很难一开始就设计出没有漏洞的完美系统。分阶段快速迭代也更符合快速变化的互联网环境。每年发布一个版本，可能是十几年前的软件开发模式了。因此，不论目标的先后，在此先把这些要求和目标统一描述一下，从大的方面来看一个基于 DPDK 的高性能负载均衡器需要完成怎样的事情。

首要的设计目标是"高性能"，这样可以带来成本上的优势，从而减少机器的使用和运维方面的难度。为了实现高性能，会用到上文提到的大部分技术，如 Kernel Bypass、Share-Nothing 思想及关键数据无锁化、避免上下文切换、轮询、在无锁的情况下跨 CPU 通信等。

四层负载均衡提供的高可用特性包括后端服务器的高可用和四层负载均衡器本身集群的高可用。其中，后端服务器的高可用保证是通过负载均衡设备对后端服务器进行健康检查实现的。和 LVS 一样，DPVS 的健康检查使用开源软件 Keepalived 完成，如果健康检查失败，则 Keepalived 会实时在 LB 上将该后端服务器的权重设置为 0。负载均衡器集群的高可用通过 ECMP 和 Keepalived 共同完成，其中 ECMP 可以通过 OSPF/BGP 等路由协议实现，负载均衡器将服务的虚拟 IP（VIP）地址通过 OSPF/BGP 等通知上游交换机，交换机使用 ECMP 技术将不同的流量均衡到负载均衡器集群内的机器，如果检测出负载均衡器不可用或该 VIP 所有后端服务器不可用，则可以把 VIP 从负载均衡器中摘除，不再通过 OSPF/BGP 等路由协议对其进行通知。ECMP 可以通过开源套件 Quagga 的 ospfd/bgpd 程序来实现。

我们知道，无论是 Keepalived 还是 ospfd/bgpd，都是运行在 Linux 设备（真实设备或虚拟设备）、Linux 协议栈及 Socket 系统调用上的。而 DPDK 这样的 Kernel Bypass 应用会完全接管网卡。导致无法直接使用 Keepalived 和 ospfd/bgpd，解决的方案是使用 DPDK 的 KNI 接口，将 Keepalived 和 ospfd/bgpd 关心的数据通过 KNI 接口传递到 Linux 协议栈，然后递交给 Keepalived/ospfd/bgpd，在发送数据时，可以通过 KNI 接口发送到 DPVS，再从 DPDK 接管的网卡中发送出去。KNI 接口同样适用于运行 sshd 来提供服务器的 SSH 访问。

具体实现是将通过了路由查找（目标是多播、广播或本机 IP 地址）且 DPVS 又不需要的数据交给 KNI 接口。

DPVS 为了替换原来的 LVS，必须实现其绝大部分功能，如 FullNAT、DR 等转发模式，RR、WRR、WLC 等调度模式，Syn-proxy 功能，Service、RS、Conn 管理和 TOA，连接模板，fast-xmit 等。

而 DPVS 特有的挑战是，因为使用 DPDK 绕开了内核协议栈，所以我们需要一个简单的协议栈功能，它不需要 TCP/UDP 和 Socket 的实现，但是需要基本的 IPv4/IPv6、ARP/NDisc、路由、地址管理和基本的 ICMPv4/ICMPv6 的实现，而且需要保证性能不能成为瓶颈。

为了适应复杂的 IDC 部署环境，还需要支持 VLAN、Bonding、Tunnel 接口等，这些本来在 Linux 上现成的功能，需要在 DPVS 中重新实现。

7.4.1　高性能负载均衡器的架构

接下来，我们从总体架构开始逐步分析 DPVS 的实现。

DPVS 的总体架构如图 7-4 所示。

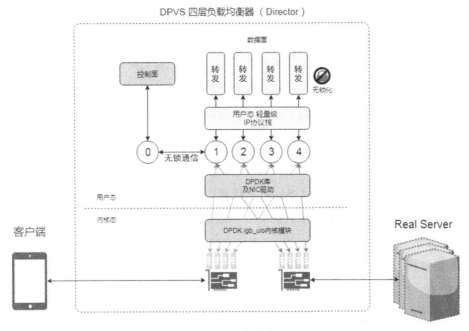

图 7-4　DPVS 的总体架构

其中主要包括以下几点。

1. Master/Worker 模型

DPVS 采用经典的 Master/Worker 模型。Master 处理控制面，如参数配置、统计数据的获取等；Worker 实现核心负载均衡、调度、数据转发功能。另外，DPVS 使用多线程模型，毕竟负载均衡逻辑并没有 Nginx 那么复杂，也不需要由 Master 管理、监控 Worker 进程是否正常运行，甚至支持热升级等，使用多线程可以满足要求。

使用该模型后，将 Master 及各个 Worker 和 CPU 内核绑定，并且禁止这些 CPU 被调度。这些 CPU 内核只运行 DPVS 的 Master 或某个 Worker，以此避免上下文切换，别的进程不会被调度到这些 CPU 中，Worker 也不会迁移到其他 CPU 中造成缓存失效。

2. 网卡队列/CPU 绑定

现代的网卡支持多个队列，可以结合 SMP 架构的多个内核来使用以提高效率，让不同的内核处理不同的网卡队列的流量，分摊工作量，实现并行处理和线性扩展。在 Linux 中，我们通过中断亲和性的设置，将不同的队列中断设置到不同的内核。在基于 DPDK 的 DPVS 上，具体的绑定方法则是由各个 Worker 使用 DPDK 的 API 处理不同的网卡队列，每个 Worker 都会对网卡的一个接收队列和一个发送队列进行处理。

3. 关键数据 Per-Core 及无锁化

内核性能问题的关键在于资源共享和锁。所以，被频繁访问的关键数据需要尽可能地实现无锁化，其中一个方法是将数据进行 Per-Core 化，不同的 CPU 内核只处理自己本地的数据。不需要访问其他 CPU 内核的数据，这样就可以避免加锁。对 DPVS 而言，connection 表、邻居表、路由表等都是频繁修改或频繁查找的数据，需要进行 Per-Core 化。

在 Per-Core 的具体实现上，connection 表（连接表）和 ARP/route 表并不相同。对于 connection 表，在高并发的情况下，不仅会被频繁地查找，还会被频繁地添加、删除。我们让每个 CPU 维护的是不相同的连接表，不同的网络数据流（包含 TCP 和 UDP 两种协议的数据流）按照 n 元组被定向到不同的 CPU 内核，在此特定 CPU 内核上创建、查找、转发、销毁。同样的数据流（即 n 元组匹配）只会出现在某个 CPU 内核上，不会落到其他的 CPU 上。这样就可以做到不同的 CPU 只维护自己本地的表，无须加锁。当然，只看入口方向流量，凭借网卡的 RSS（Receive Side Scaling）就可以做到将同一个数据流通过哈希算法映射到同一个队列，但要实现同一个数据流在出口和入口两个方向的数据都落在同一个 CPU 内核上就没那么容易了。后面会通过"返程数据亲和性"问题仔细讨论如何解决这个问题，避免 connection 查找失败无法转发。

另外，对于邻居表和路由表，每个 CPU 都会用到系统的"全局"数据。如果不采用"全局表+锁保护"的方式，而采用 Per-Core（每个 CPU 内核保存一份数据）的方式，那么需要让每个 CPU 有同样的视图，也就是需要维护同样的表。邻居信息、路由信息不像 connection 表那样会频繁变化，最多就是配置、收到 ARP/NS/NA 及表项超时时需要修改一下表。这两个表采用了跨 CPU 无锁同步的方式，虽然在具体实现上有一些小差别（路由表无锁实现使用 DPVS 消息机制，邻居表无锁实现使用数据复制和转发的方式），但本质上就是通过跨 CPU 通信将表的变化同步到每个 CPU 内核上的。

不论使用什么方法，只要做到了 Per-Core 化之后没有了锁的需求，性能也就能提升了。

4. 用户态轻量级 IP 协议栈

四层负载均衡并不需要完整的协议栈，但还是需要基本的网络组件，以便完成和周围设备的交互（ARP/NS/NA）、确定分组走向（route）、回应 ping 请求、进行健全性检查（checksum，检查分组完整性）及管理 IP 地址等基本工作。但是，采用 DPDK 实现 Kernel Bypass 后，这些需要自己实现。

5. 跨 CPU 无锁消息

虽然采用了关键数据 Per-Core 化等优化措施，但在以下场景中还是需要跨内核通信的。

- Master 获取 Worker 的各种统计信息。

- Master 将路由、黑名单等配置同步到各个 Worker。

- Master 将来自 KNI 接口的数据发送到 Worker（只有 Worker 能操作 DPDK 接口发送数据）。

既然需要进行跨内核通信，就不能存在互相影响、相互等待的情况，这样会影响性能。为此，我们使用了 DPDK 提供的无锁 rte_ring 库，从底层保证通信是无锁的。当然，我们在此之上要封装一层消息机制来支持一对一、一对多、同步或异步的消息。应该尽量使用异步消息来进行各个 CPU 内核的逻辑解耦，解除依赖，不要因为互相等待而影响性能。Master 作为控制面可以短时间等待一下各个 Worker 回复，但是绝对不能使 Worker 一直等待回复而影响转发。

7.4.2 高性能负载均衡器功能模块

了解了 DPVS 的总体架构后，我们看一下 DPVS 的功能模块，如图 7-5 所示，从下至上包括。

- 网络设备层（Network Device）。

- 轻量级 IP 协议栈（Lite IP Stack）。

- 负载均衡层（IPVS）。

- 基础功能模块（Common Module）。

- 控制面（Control Plane）。

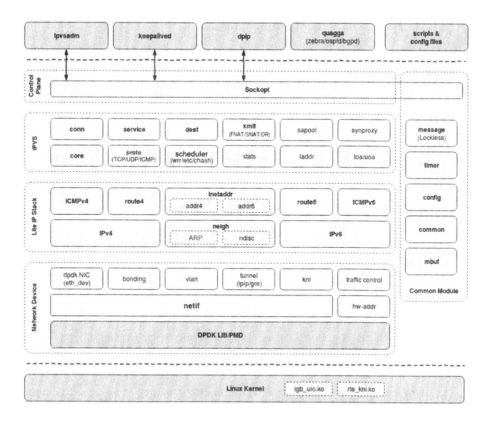

图 7-5 DPVS 的功能模块

1. 网络设备层（Network Device）

网络设备层包括管理设备收发包的网络接口，也包括一些虚拟设备的支持。同时，流量控制和硬件地址管理也是在该层实现的。流量控制类似于 Linux 的 Traffic Control/TC；硬件地址管理的目的是支持 MAC 多播。

- 网络接口：netif 模块。

网络设备层的核心模块是 netif，它可以处理接口的收发包 TX/RX，而且集成了 Worker 的主循环。最初，主循环设计得比较简单，主要包含 TX、RX、timer；接着，开始支持消息处理、可注册的"job"；后来，开始支持网卡绑定、ARP 环形队列。随着时间的推移，netif 模块变得越来越庞大，成为整个项目最大的源文件，包含的数据结构也越来越复杂，有一定的重构空间，至少可以把数据包分发逻辑和主循环从模块中独立出来。

- 虚拟设备：VLAN、KNI、Bonding、Tunnel。

除了 netif 模块，网络设备层还实现了众多虚拟设备：VLAN、KNI、Bonding、Tunnel（IP-in-IP 和 GRE 隧道）。因为 IDC 的部署环境比较复杂，所以有时需要通过多网卡绑定解决交换机单点问题，通过多个 VLAN 接口接收带有不同 VLAN 标签的数据帧的情况（针对交换机透传 VLAN 标签、即没有设置为 access-port 的情况），通过隧道来支持特殊的应用（SNAT-GRE）场景，通过 KNI 来和 Linux 上运行的应用（如 Keepalived、ospfd、sshd）进行交互。不过，DPVS 并没有实现 VxLAN，因为这需要 UDP 协议的支持，目前轻量级 IP 栈还不支持 UDP 协议。不过目前 VxLAN 环境 IDC 的 endpoint 是交换机，不需要 DPVS 来处理 VxLAN。

- 流量控制：TC 模块。

为了实现相对精确、灵活的流量控制，如对来自网段为 192.168.1.0/24、目的地址为 192.168.2.0/24 的 TCP 端口 80 的流量限流 10Mbps，DPVS 实现了流量控制模块——TC 模块。DPVS 的 TC 模块的实现参考了 Linux 内核中 TC 模块的实现方法，是 Linux 内核的 TC 模块的一个"简化"版本。这里介绍以下两个问题。

首先，因为 TC 模块支持灵活配置，无法预先限定 5 元组、ingress/egress 接口，也无法预知和限定匹配规则的流量在哪个 CPU，可能出现符合规则的流量出现在多个 CPU 的情况，所以该模块采用全局的 match 规则表，并使用锁保护来应对上述情况。其次，因为模块支持模糊的规则匹配，无法像<VIP:port>类型的"Service"那样设计 Per-Core 的 match 表，所以 match 配置链的实现只能是单链表。以上两点都会造成性能问题，第一点使用了全局表和锁，第二点在规则链比较长的情况下，每个分组都要逐一检查链上的规则。因此，TC 灵活配置这个功能默认是关闭的。

对于流量控制这个主题，有时业务的需求可能是比较明确的，如对某个 VIP 进行限制，或者在 SNAT 模式下对某个外网地址或某个内网主机网段进行限制。这些特定化的需求也许可以避免因为使用灵活的模糊规则匹配带来的性能问题，但同时也会让 DPDP 的 TC 代码过多关注业务应用策略，和业务需求有所耦合。这里存在一个取舍问题。

2. 轻量级 IP 协议栈层（Lite IP Stack）

虽然四层负载均衡并不需要一个包含 TCP/UDP Socket 在内的完整的协议栈，但还是需要基本的 IPv4/IPv6、路由、ARP/NS/NA 和 ICMPv4/ICMPv6 的功能，以便完成和其他网络设备的交互，做一个"合格"的网络节点和 Middle-box。

这一层支持的模块有以下几个。

- IPv4/IPv6 模块。

IPv4/IPv6 模块主要包括数据包健全性（sanity）、校验和、输入/输出路由查找、L2/L3 层分用（递交）、分片重装、IP 头封装、TTL 等功能，支持数据接收、发送和转发。同时，该模块还嵌入了类似 Netfilter 的 Hook 机制，提升了代码可扩展性和模块化。此外，该模块还提供了必要的 API 供其他模块注册回调和使用。IPv4/IPv6 模块的实现参考了 Linux 相应的代码，因为 IP 协议是无状态的，不需要维护信息，所以 IPv4/IPv6 模块基本不存在锁的需求，也就不会出现加锁造成的性能问题。

> 因为同一个数据流的分组必须落在同一个 CPU 的约束上，而实现的 RSS/FDIR 需要用到 L4 信息，这和分片的部分数据包不包含 L4 信息矛盾，所以核心的转发部分（IPVS）是不支持分片的。但是，IPv4 模块本身支持分片，IPv6 标准不推荐使用分片，所以 DPVS 也不支持 IPv6 分片。多播路由（转发）目前还不支持分片，但可以通过 KNI 机制透传多播路由到 Linux。
>
> 事实上，L3/L4 层分别使用的协议/回调映射表 inet_prots[] 和类 Netfilter 的 Hook 表 inet_hooks[] 是全局表，且可以修改。但是，假设这样的修改只允许在程序初始化时进行，如注册 L4 处理函数 icmp_rcv() 或 dp_vs_in() 时。一旦初始化完成，在开始收发数据时就不能修改全局表，这时可以去掉锁，以便优化性能。

- 路由模块。

路由模块的存在可以支持输入/输出路由查找、接口选择、MTU。毕竟，DPVS 环境还是会有多个接口和跨网络的需求。

- 邻居（ARP，Neighbour）模块。

有了邻居模块，DPVS 就可以动态解析邻居地址、响应邻居的解析请求、发送免费 ARP、缓存未解析成功前传输的分组数据，以及实现简单的邻居表状态和超时机制。从而使得 DPVS 能够满足基本的 IDC 环境下的邻居功能。

- 地址管理。

Linux 中的地址是可以被动态添加、删除的，一个接口可以配置多个 IP 地址。DPVS

也不例外，尤其是 DPVS 的部署环境可能非常复杂，要求有多个接口，且每个接口需要对应多个地址，所以 DPVS 中有一个地址管理模块可以实现相关的需求。

- ICMPv4/ICMPv6。

DPVS 要能回复 ICMP ping（Echo Request），这样才方便调试。同时，DPVS 也需要提供 API 来发送 ICMP 的报文，例如"超时""需要分片""目标端口不可达"等类型的 ICMP 报文，以便和各个网络节点交互。如果 DPVS 不能响应用户的 ping 请求，或者因为不支持"需要分片"ICMP 报文而不能支持 IP 分片，又或者因为不支持"目标端口不可达"ICMP 报文而影响了 TCP 路径、MTU 发现和路由追踪功能，则 DPVS 是不合格的网络设备。

3. 负载均衡层（IPVS）

负载均衡层（IPVS 或大模块）完成了 DPVS 的核心功能，即四层负载均衡。该层的大部分代码参考 LVS 的 IPVS 内核模块实现，该模块分为以下几个子模块。

- 调度器（模块名：scheduler）。
- 协议模块（模块名：proto）。
- 服务管理（模块名：service）。
- Real Server 管理（模块名：dest）。
- 连接管理（模块名：conn）。
- 传输管理（模块名：xmit）。
- FullNAT 本地地址及地址池（模块名：laddr 及 sapool）。
- TOA/UOA 模块（目的：获取真实客户端 IP 地址）。

这些子模块共同完成了四层负载均衡功能，提供了 FullNAT、DR、SNAT 等转发（传输）模式，支持 TCP、UDP、ICMP 等协议的转发，可以实现 RR、WRR、WLC 及 ConHash 等调度模式，实现可设置的<proto,vip,vport>或 match 等均衡服务。同时，配合 Keepalived 完成 Real Server 的健康检查和动态摘除、动态恢复、连接模板、限流等功能，以及 TCP 的防 Syn-flood 的 Syn-proxy 功能。

这里详细介绍一下 Socket 地址池（sapool）。

首先，资源池就是某种资源的集合，这个集合是以内存的方式存在的。其次，Socket
地址是指"IP 地址端口对"（对应结构体 sockaddr，定义在头文件 sys/socket.h 中）。
该模块在 FullNAT 或 SNAT 转发模式中需要用到。以 FullNAT 转发模式为例，该转发
模式会在 inbound 方向上将"客户端 IP（CIP）、端口到 DPVS 的 VIP、端口"转换为
"DPVS 的本地 IP（LIP）、端口到 RS 的 IP（RIP）、端口"，也就是将 CIP:CPort ->
VIP:VPort 转换为 LIP:LPort -> RIP:RPort。

使用 sapool 是由于以下两个需要。

- 解决"返程数据 CPU 亲和性"问题。

需要保证从某个 CPU 内核发出的数据的返程"响应"也落到该 CPU 上。保证数
据连接可以做到 CPU 本地化（亲和性）才能实现连接 Per-Core 化，避免加锁。DPVS
方案是按照 CPU 内核号合理分配 LIP:LPort（即本地 Socket 地址）的，创建每个 LIP
时会针对每个 CPU 分配特定的 LPort，并组成 Socket 地址放入 sapool 中，进行 FullNAT
转换时需要从池中分配 LIP:LPort。因为分配是按照一定特征进行的。比如，使"LIP
加上 LPort 的部分 bit 位"和某个 CPU 关联，就能结合 flow-director 将返程的数据定
向到正确的 CPU 内核。而且，这个方案不需要使用很多 flow-director 条目。因为
flow-director 只支持 8 000 左右个条目，在有上百万个连接的情况下，不可能为每个连
接设置规则。

- 提高分配的速度。

使用一个预先分配的 Socket 地址池，需要时直接从池中取出未用的，使用完成后
放回池中。因为维护了"未/已使用"的 Socket 地址池，所以可以以最高的效率分配和
释放 Socket。Socket 地址池使用内存换取了效率，能很好地解决性能问题。DPVS 对
性能要求很高，可用内存往往不是瓶颈。

Alibaba/LVS 和 F-Stack 都使用试错法，尝试分配一个 LPort，然后查看 5 元组的
连接是否已存在，如果存在则更换一个 LPort，然后设置一个尝试的上限。这样的方
法可能会造成 CPU 资源的大量浪费。而且在使用时，LVS 可能会把时间消耗在 LPort
的选择上。

此外，一个 LIP 并不一定会有 65 535 个 LPort 可用（除去不适合的端口，大约有
60 000 个），实际上 DPVS 识别一个连接的依据是 5 元组，只要 5 元组不冲突就不是

同一个连接。在实现时，我们不需要 5 元组或 4 元组那么大的空间——2^{96}。另外，如果每个 LIP 只实现 60 000 个左右的端口，则 LIP 数量不会太多，这会导致可用端口太少。对于上述端口过少的问题，我们可以把 RIP:RPort 因素一起考虑进去。但将 RIP:RPort 因素考虑进去会有个问题，无法预先分配整个 5 元组那么多的空间。为了解决上述分配空间不足的问题，我们可以设置一个哈希表，根据某些 RS 的 RIP:RPort 特征进行哈希变换，然后每个 LIP 使用大小为 60000×hash_bucket_size 的 Socket 地址池即可（LIP * LPort * RS_hash_bucket_size）。

需要注意的是，在内存不太充足的情况下，可以减小哈希表的大小，或者修改 sa_entry 结构，如使用 hlist_head 和 __packed__，无须为每个 CPU 分配长度为 60 000 的哈希表等。预计可以大幅减少内存的使用，但需要修改代码。此外，也可以考虑优化其他模块的内存使用，如 mbuf_pool 大小优化，不需要时不要初始化 TC 模块等。DPVS 在公司内部的设备上部署时，内存资源非常充足，因此缩减内存不是设计重点。无论如何，对于内存使用还是有很多优化手段和空间的。

4. 基础功能模块（Common Module）

还有一些模块，本身不完成特定的功能，而是为系统中其他模块提供必要的服务，如定时器模块（timer）、消息模块（message）。另外，像配置管理（config）、统计信息（stats）等这样的模块并不完成主要任务，但并不是说它们就不重要。在实际的部署、运维或排障中都需要用到这些模块，如果这些模块实现得不好，不但影响实际使用，而且可能拖累整体性能。

- 定时器（timer）。

定时器是大部分系统中必要的组件。在 DPVS 中，连接的销毁需要定时器，邻居条目需要定时器，地址管理需要定时器。还可以用定时器执行一些辅助任务。DPVS 对定时器有特殊的要求，那就是需要支持百万级的定时器实例，同时在定时任务创建、删除和超时时不能影响性能。

原本 DPVS 定时器直接采用了 DPDK 提供的 rte_timer，不过我们很快就会发现，它在高并发连接需要大量建立定时器的情况下，性能无法满足要求。于是，我们借鉴了 Linux Kernel 中基于"timer wheel"的定时器实现，使用多级 Hash 的手段来解决高并发百万实例情况下的性能问题。

- 消息模块（message）。

之前已经介绍过，为了实现 DPVS 内部跨 CPU 内核的高性能无锁通信，DPVS 实现了支持同步、异步、一对一、一对多的消息模块。其底层使用 DPDK rte_ring 保证消息的无锁化，不影响性能。

- 配置管理（config）。

DPVS 的有些参数是可以配置的，如 mbuf 的 pkt_pool 大小、CPU 内核号和网卡、网卡 TX/RX 队列的映射、TCP 各个状态的超时等。为此，DPVS 支持通过配置文件 /etc/dpvs.conf 来配置管理模块，解析和应用这些配置项。有些配置项目是只能在启动时设置的，有些则支持在线修改，只需要修改配置文件，然后发送 SIGHUP 信号给 DPVS 进程。

- 统计信息（Stats）。

统计用于监控、排障，是运维部署过程中必不可少的。实际上，DPVS 中的很多模块都有其独立的统计信息。它们大多通过 message 传递给 Master，再由 Master 通过控制面传递给用户工具。我们可以使用 ipvsadm 和 dpip 等命令查看这些统计信息。

5. 控制面（Control Plane）

除了配置文件，DPVS 对数据面的控制基本通过 ipvsadm、dpip 和 keepalived 共 3 个命令进行。DPVS 和命令的交互使用了 UNIX Socket 和自定义的、类似 socketopt 的"协议"。控制消息的收发由 Master 线程完成，这样不会影响数据面的性能。必要时，Master 通过内部的 message 模块向 Worker 收集统计信息，并聚合给用户；或者将用户的配置通过 message 分发到不同的 Worker 上。

在使用 UNIX Socket 进行对外交互时，各个模块会向 ctrl 模块注册 sockopt 的选项值及其回调函数。外部工具可以通过这些 sockopt 选项和模块相关的数据结构来和 DPVS 交互。

关于 DPVS 的协议选择，控制面没有选择 RESTFul 或类似各种 bus（dbus）的接口及文本化的协议，而是选择二进制协议。这主要是因为 DPVS 并非是一个非常复杂的多进程或分布式系统。另外，LVS 采用的 sockopt 选项在开发上用起来比较便利，而 RESTful/bus 类型的 IPC 需要基于相对比较重的控制面使用。所以相对来说，二进制协议更易于实现。当然，这种需要预定义的二进制"协议"存在版本兼容的问题，在进行 DPVS 升级时必须要配合使用命令才能实现。同时，二进制协议不容易调试和扩展，也不容易做到向前兼容。但是，DPVS 对控制面性能要求也不高，所以这并不会影响 DPVS 的总体性能。总之，DPVS 系统并不像分布式系统或多进程协作系统一样对控制面通信部分有很高的要求，所以使用二进制类 sockopt 方式还是可以接受的。

7.4.3 数据流大图

图 7-6 所示为 DPVS 工作原理和数据流示意图，该示意图解释了数据走向及函数调用流。以 Two-arm FullNAT 转发模式为例，解释了一个客户端请求在 DPVS 中经历的过程，包含请求在两个方向的处理流程：入口（inbound）和出口（outbound）。eth1 是外网接口，eth0 是内网接口，它们都支持 RSS/FDIR。

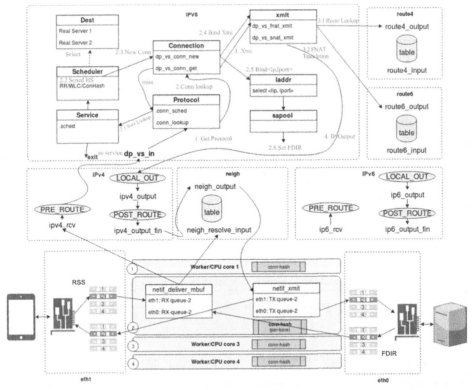

图 7-6 DPVS 工作原理和数据流示意图

简单解释一下图 7-6 描述的处理过程，主要解释第一个分组的处理过程，后续的分组处理过程类似。

客户端发送请求，数据包到达 eth1 后，作为 inbound 的数据，直接通过 RSS（Receive Side Scaling）将数据分流到网卡的不同队列中。其中，RSS 通过计算数据包的 5 元组（SIP、SPort、DIP、DPort、Protocol）的哈希值并取余，得到队列的索引，然后将包放入这个队列，来实现数据包在各个队列之间的负载均衡。RSS 算法可以设置所接收数据协议类型，默认是 TCP，也就是会根据源 IP 和源 TCP 端口进行哈希映射，将数据放入某个网卡队列，根据 DPVS 的亲和性配置，在该队列进行收包（RX）的 CPU 内核会收到该分组。收到分组后，netif 模块会调用 netif_deliver_mbuf 进行 L2/L3 层分用。如果是 IPv4 分组，则 netif 模块会将其传递给 ipv4_rcv() 函数；如果是 IPv6 分组，则 netif 模块会将其传递给 ip6_rcv() 函数；如果是 ARP 分组，则 netif 模块会将其传递给 neigh_resolve_input() 函数。经过上述对分组的处理后，数据就从 L2 层（数据链路层）进入了 L3 层（IP 层）。这里省略了许多在 netif 层的处理细节，如对 ARP 环形队列及 VLAN 等的处理。

> 选用 TCP 作为 RSS 的条件是为了方便测试。例如，在一台设备上使用 wrk 模拟多个客户端时，源 IP 是一样的，而源端口不同，如果采用基于源 IP 的 RSS hash（将源 IP 作为键值进行哈希），就无法让流量分布到不同的 CPU 上。当然，采用基于 IP 的 hash 的好处是可以保证分片数据到达同一个 CPU 上，因为如果是基于 TCP 的，那么由于分片没有四层信息，所以无法正确分流到第一个分组所在的 CPU。另外，在返程方向上，因为受到 LIP 资源的限制，DPVS 会使用< LIP: LPrt>结合 FDIR（flow-director）来解决返程数据亲和性问题。因为利用了四层端口，返程数据无法通过处理分片来使其到达正确的 CPU。这也是 DPVS 不支持分片的一个原因。Alibaba/LVS 使用为每个 CPU 分配不同 LIP 并只利用 LIP 设置 FDIR 的方式来实现。

分组进入 IP 层后，需要进行必要的完整性等检查，在查找路由前先经过 PRE_ROUTE 的 Hook 点。DPVS 的 IPv4/IPv6 实现了类似 Netfilter 的 Hook 机制，为未来可能的扩展留下了足够的灵活度。负责核心负载均衡转发的 IPVS 模块在 PRE_ROUTING 点注册了其唯一的回调函数 dp_vs_in()。IP 分组在查询路由前先进入了 IPVS，因此 FullNAT 等转发模式的优先级高于路由查找和转发。

IPVS 模块的实现基本和 Linux 下的 IPVS 一致，当分组进入 IPVS 模块后，先查找对应的"协议"对象，然后根据协议"对象"进行连接表的查找，连接 inbound 的第一个分组是没有连接表的，因此需要创建一个新的连接表，对后续的 inbound/outbound 的分组进行转发。创建连接的前提是要保证"服务"的存在。DPVS 的服务定义如下。

- 元组：<proto, vip, vport>。

- match 类型服务。

我们知道，LVS 支持上述第一类服务，如 tcp:10.123.1.2:80 这样的服务，其中协议"proto"包含 TCP 和 UDP 两种。而 DPVS 除了支持 TCP 和 UDP 的转发，还支持 ICMP 的 转 发。此 外，DPVS 支 持 match 类 型 的 服 务，如 proto=tcp,from=192.168.0.0-192.168.0.255:1024-2000，不过主要用于 SNAT 类型的转发。

> LVS "支持 ICMP"，但限于不支持和 Original 分组相关的 ICMP 出错消息。而 DPVS 支持的 ICMP 则没有 ICMP 出错消息的限制。在 DPVS 中，ICMP 和 TCP/UDP 属于同等的协议，ICMP 可以和 TCP/UDP 一样被 DPVS 调度并进行 FullNAT/SNAT 转发。比如，在 SNAT 情况下，使用 DPVS 的内网主机可以从内部 Ping 外网 IP，而 LVS 是不支持这一点的。

如果没有找到预先配置的 Service，则结束流程，将分组返回 IP 层继续处理。如果找到了 Service，那么接下来就需要为新连接调度一个 RS。这时就会用到 Service 对应的调度器对象，每个 Service 都被设置了一个调度器。DPVS 支持以下多种调度器（模式）。

- 轮询（Round Robin，RR）。

- 加权轮询（Weighted Round Robin，WRR）。

- 加权最少连接（Weighted Least Connection，WLC）。

- 一致性哈希（Consistent Hashing，ConHash）。

这些调度算法并不复杂，我们也很容易查询它们的原理及使用场景。DPVS 实现了 Maglev 所支持的一致性哈希算法，这是 LVS 所没有支持的，该算法的实现使得 DPVS 可以方便地用于"有状态"的业务，如支付业务、QUIC 类应用。前者需要每个客户端多次发起的不同请求到达同一个 RS，以便查询 RS 上维护的状态（如购物车、支付）；后者因为同一个 QUIC 连接不是用 5 元组标识的，而是用 CID（Connection ID，连接 ID）标识的，且同一个 CID 的 5 元组可以改变，因此不使用一致性哈希会导致同一个 QUIC 连接的数据落在不同的 RS 上，从而造成连接异常。另外，DPVS 没有实现 LVS 所支持的所有调度算法，原因是在实际应用中使用上述调度算法就足够了（至少在公司内部是这样的），如果确实需要实现其他的算法也并不困难。

调度到一个 RS 后，我们就获得了 RS 的 IP 地址和端口，即<RIP:RPort>，对于 FullNAT 还需要合理地选择 LIP 和 LPort，LIP 的选择比较简单，从被绑定到 Service 的多个 LIP 中轮询下一个即可，而 LPort 的选择就比较重要了。我们之前提到，合理分配 LPort 资源，可以让返程数据通过<LIP, LPort>来确定 CPU。DPVS 的 sapool 模块能够解决上述 LPort 选择的问题。

至此，我们就获得了一个连接的所有信息：<Proto, CIP, CPort, VIP, VPort, LIP, LPort>，于是使用 dp_vs_conn_new 可以创建一个新的连接结构，并将其放入 Per-Core 的连接表中，之后的 outbound 数据和后续 inbound 的数据都可以查询到该连接表项。在新建或获取连接表后，DPVS 就可以根据转发模式进行数据转换和传输，这时会涉及 xmit 模块。如果转发模式是 FullNAT，则会将分组的源 IP 地址、源端口（CIP:CPort）和目的 IP 地址、端口（VIP:VPort）分别替换为 LIP: LPort 和 RIP:RPort。

完成转换（Translation）后，将数据通过 IPv4/IPv6 模块传输出去，还涉及对路由表、ARP 表的查找，在此不再赘述。

7.4.4 项目开源的缘由和一些经验

开源的好处有很多，主要有两点：一方面能够提高公司和团队的技术影响力，另一方面可以促进项目的演进、bug 的修复，同时也方便了其他有类似需求的人。许多公司借助开源提高了技术领域影响，在展示技术实力的同时也利于吸引人才。

在 DPVS 出现之前，业界已有开源的四层负载均衡，但对于 DPDK 版本的高性能四层负载均衡来说，虽然很多公司都在研发甚至使用，但在 DPVS 开源之前没有发现开源版本。开源对于项目本身也有很多好处，可以结合社区的力量，有了更多的需求，也有更多开发者参与其中，能更好地发现其不足，使项目更稳定，功能更完善。开源同时意味着需要更高的代码质量，让开发人员对自己的代码更负责。

在 DPVS 的开源过程中，与大家分享一些经验。

1. 开源许可证

需要正确地选择开源许可证，可以先去网上查一下许可证的科普文章。常用许可证有很多不同的版本，如 GPLv2、3-Clause BSD 等，可以根据需求和实际情况仔细选择。

如果项目已经使用了其他的开源项目，则应该了解、遵循它们的规则。不要使用没有来源的任何第三方代码行，或者与代码片段的开源协议和要求不符的代码或文档。同时，要注意项目是否有内部不想开源的代码的依赖。也需要注意是否使用了混合协议。有一些商业或免费的工具可以对源代码进行扫描。建议向公司的法务咨询，以确保没有法律和知识产权的问题，此外还需得到上级审批，确保开源符合公司的利益。

2. 文档及代码清理

在开源之前建议做一些准备。编写 README 文档，对项目进行简单的介绍，它能做什么、特点是什么等，打造良好的第一印象。最好有简单的 quick-start，只需要编写基本的内容，让缺少背景知识的读者尽快熟悉项目，能够展示基本功能即可。如果项目要花费很久才能编译完成并运行，那么没人会愿意耐心继续了解它。

部分开发人员并不喜欢写文档，但一个好的文档能够给开源软件的使用者带来很大帮助，建立使用信心。同时也避免维护方被反复提问类似的问题。既然代码要开源，就应该有更高的质量要求，对代码进行必要的整理。

3. 共同开发

开源除了希望更多的用户使用它，也希望借助社区的力量共同开发和修复 bug、完善功能。为此，开发者最好能够做到以下几点。

- 给出清晰的蓝图。
- 广泛收集需求。
- 收集 bug 并修复。
- 鼓励在 GitHub 上提交代码（Pull Request）。

4. 开源社区维护

开源社区需要尽可能做到快速回复提问、及时反馈 bug 修复的进展。另外，可以提供邮件列表、微信、QQ 群等，甚至各种公众号，方便使用者和合作开发者相互交流。

7.5　七层负载均衡性能优化

在 4.2 节中提到，Nginx 作为一款优秀的高性能 Web 服务软件，已经作为反向代理服务器在互联网领域被大规模应用。那么本节就来介绍一些对 Nginx 比较通用的优化方法。

7.5.1　Nginx 调优

Nginx 本身拥有丰富的配置参数，通过合理配置调优，才可以充分发挥出 Nginx 的优秀性能。下面介绍几个重点的配置参数。

1. worker_process

Nginx 的 Worker 进程是 Nginx 进行 Epoll 事件驱动 Loop 的实际进程。现在的 CPU 一般都是 SMP 架构，多核之间可以并行协调计算。而操作系统本身对进程的调度有很全面的考虑。比如，一个服务中运行了 3 个进程，在 CPU 都很空闲的前提下，操作系统会尽量把这 3 个进程运行在不同的 CPU 核心上。基于这样的认识，在专用的 Nginx 服务器上，我们可以尽量把 Nginx 的 Worker 数目配置成 CPU 核心数目，这样就可以充分利用服务器的 CPU。当然，这样的配置只是常见的优化配置，但是却不一定是最适合的。比如，线上的 Nginx 服务器中运行了一些日志分析的进程，而该进程有一些非常占用 CPU 的正则表达，那么就需要考虑这些进程被调度时会干扰 Nginx 进程，从而导致卡顿的情况。在这种场景下，需要预留出一些 CPU 给日志分析的进程使用，并且最好将该进程绑定到 CPU 上，即设置 CPU 亲和性。关于 CPU 亲和性的深入介绍，读者可以自行查阅相关资料，这里不再赘述。在 C 语言中，常用的绑定 CPU 接口的代码如下：

```
//mask 为需要设置的 CPU 集，具体内容参考'man sched_setaffinity' int
sched_getaffinity(pid_t pid, size_t cpusetsize, cpu_set_t *mask);
int sched_setaffinity(pid_t pid, size_t cpusetsize, const cpu_set_t
*mask);
```

阿里巴巴的 Nginx 分支 Tengine 率先支持了 auto 的配置方式。当配置"worker_process auto;"后，Nginx 会检测服务器的 CPU 核心数目，把 Worker 数目自动配置成 CPU 核心数目。Nginx 在 1.9.10 版本以后，已经支持了 auto 的配置方法。

2. worker_cpu_affinity

前文提到，我们可以为 Nginx 服务器上运行的日志分析进程设置 CPU 亲和性，事实上，Nginx 本身也有设置 CPU 亲和性的功能。很多人不常配置这个字段，但是如果使用得当，就可以在特定的场景下为服务器性能带来很高的提升。对这个字段的配置可以采用类似掩码按位 SET 的方式进行。该字段的配置实例代码如下：

```
worker_processes 8;
worker_cpu_affinity  00000001  00000010  00000100  00001000  00010000
00100000 01000000 10000000;
```

上述配置表示开启了 8 个进程，并且将每个进程分别绑定到 1～8 的 CPU 核心上。

3. worker_rlimit_nofile

我们知道，操作系统会有打开文件描述符的数目限制（可通过 ulimit -a 命令查看），而为了获得高并发的能力，Nginx 的进程显然需要有打开大量文件描述符的能力。Worker_rlimit_nofile 就是实现该功能的配置字段。Nginx 如果配置了该字段则会忽略操作系统的限制，以配置的数目作为限制标准。当然，受限于系统真实可用的 Socket 连接数（大约一个 IP 地址有 64KB），这个值配置得太大也没有什么意义。

4. worker_connections

在配置 worker-connections 字段时需要注意，每个 Worker 进程的并发不仅包括来自客户端的连接，还包含进程和 Nginx 反向代理配置中的 upstream 的连接。比如，在 Nginx 作为反向代理的场景下，想获取来自客户端的 10 万并发，那就需要将这个参数配置成 20 万。Socket 连接数目受限于文件描述符的打开数目。所以，这个值显然也应该比 worker_rlimit_nofile 的值要小，一般两者配置成 2:1 即可。总的最大并发连接数是 worker_connections×worker_process。

5. events

上文中的 worker_connections 也是 events 区域内的一个配置。这个区域的配置主要是设置 Nginx 的事件驱动模型。提到事件驱动模型，Linux 的 Epoll（Kernel 2.6+）显然是一个性能非常高的模型。Nginx 在 Linux 下的 Epoll 性能表现得非常优秀。

Nginx 是一个多进程监听同一个 Socket 套接字的 Epoll 非阻塞模型。这种事件驱动模型是存在所谓的"惊群效应"的，即一个建立连接的请求过来后会唤醒多个 Worker 进程，而最终只有一个进程可以正常地建立连接，其他被唤醒的进程会继续等待。在通常情况下，我们都不希望做一些无用的唤醒工作，即尽量避免"惊群效应"。Nginx 对于避免惊群的设计是采用一个互斥锁来实现的。每个进程在新连接到来时会尝试获取互斥锁，只有获取了互斥锁的进程才会把事件加入自己的 Epoll 中。Nginx 获取锁的方式综合考虑了多个 Worker 进程的负载均衡调度。每个 Worker 进程中都有如下变量：

```
ngx_accept_disabled = ngx_cycle->connection_n/8 -
ngx_cycle->free_connection_n;
```

显然，当这个 Worker 进程的并发数目越多、可用空闲并发数目越少时，这个变量的值就越大。当这个数值为正时，Worker 进程就直接不再处理新的连接，只将 ngx_accept_disabled 减 1，防止这个进程因饥饿而永远获取不到新建连接。

Nginx 本身是一个异步非阻塞的模型，在低并发的情况下，避免"惊群效应"是有必要的。在高并发下，事实上每个 Worker 进程可能都在处理着自己的事情，所谓的唤醒机制可能不会导致 Nginx 的进程不停切换调度。如果关闭 accept_mutex，即不避免 Epoll 非阻塞的惊群问题，则会减少不必要的争锁，反而会提高高并发场景下 Nginx 的性能表现。

另外，当使用 Nginx 的 Epoll 异步模型时，要尽量打开 multi_accept 指令。打开该指令可以使 Worker 进程在新连接到来时，尽量多地接收连接并将其加入监听队列中。如果禁用该指令，则 Worker 进程将会逐个接收新连接。

在高并发下，events 区域的推荐配置代码如下：

```
events {
    worker_connections  102400;
    multi_accept        on;
    use                 epoll;
    accept_mutex        off;
}
```

上文都是 Nginx 作为七层负载均衡器的一些比较通用的配置，针对不同的应用场景，也可以通过打开长连接、配置 cache 等手段获取性能的提升。

7.5.2 内核参数调优

有时，运维人员会发现 Nginx 已经按照相关资料进行了配置调优，但是服务器的吞吐量依然无法达到预期结果或理论值。这时就要想到 Nginx 的运行平台是否成为性能瓶颈。本节会以常用的 Linux 服务器来举例说明常用的优化参数。下面是一个 Linux 服务器的配置实例，在使用参数调优的地方会进行着重说明。实例代码如下：

```
net.ipv4.ip_forward = 0
net.ipv4.conf.default.rp_filter = 1
net.ipv4.conf.default.accept_source_route = 0
kernel.sysrq = 0
kernel.core_uses_pid = 1
//表示开启 SYN Cookies
net.ipv4.tcp_syncookies = 1
```

当服务器接收到 SYN 包后，就需要准备内存建立连接。这样在高并发的情况下，会导致大量的内存消耗，甚至导致 SYN 等待队列溢出。这里启用 Cookies 来进行处理，代码如下：

```
kernel.msgmnb = 65536
kernel.msgmax = 65536
kernel.shmmax = 68719476736
kernel.shmall = 4294967296
//表示内核同时保持 TIME_WAIT 套接字的最大数量
net.ipv4.tcp_max_tw_buckets = 6000
```

七层负载均衡通常是部署在内网的服务，网络环境较好。事实上，TIME_WAIT 的等待时间很少起作用，所以这里一般设置一个较小值即可（默认配置是 180 000），代码如下：

```
net.ipv4.tcp_sack = 1
net.ipv4.tcp_window_scaling = 1
net.ipv4.tcp_rmem = 4096 87380 4194304
net.ipv4.tcp_wmem = 4096 16384 4194304
```

```
net.core.wmem_default = 8388608
net.core.rmem_default = 8388608
net.core.rmem_max = 16777216
net.core.wmem_max = 16777216
net.core.netdev_max_backlog = 262144
net.core.somaxconn = 262144
net.ipv4.tcp_max_orphans = 3276800
//表示 SYN 队列的长度
net.ipv4.tcp_max_syn_backlog = 262144
```

在内存足够的情况下，可以提高该参数值，容纳更多等待建立连接的套接字，代码如下：

```
net.ipv4.tcp_timestamps = 0
net.ipv4.tcp_synack_retries = 1
net.ipv4.tcp_syn_retries = 1
//表示开启 TIME_WAIT 套接字的快速回收
net.ipv4.tcp_tw_recycle = 1
//表示开启重用 TIME_WAIT 套接字，新的连接可以复用它
net.ipv4.tcp_tw_reuse = 1

//在高并发短连接的 TCP 服务器上开启 TIME_WAIT 套接字的快速回收及重用 TIME_WAIT
套接字，可以减轻大量TIME_WAIT 导致的客户端连接不上的问题

net.ipv4.tcp_mem = 94500000 915000000 927000000
//如果套接字由本端（Nginx 端）要求关闭，则 FIN-WAIT-2 状态的超时时间为 1s
net.ipv4.tcp_fin_timeout = 1

//当启用 keepalive 时，TCP 发送 keepalive 消息的周期为 30s
net.ipv4.tcp_keepalive_time = 30
//表示可用建立套接字的端口范围是 1025～65000(1024 之前的端口已经被保留协议占用)
net.ipv4.ip_local_port_range = 1025 65000
```

上述参数一般在/etc/sysctl.conf文件内进行修改，修改完成后执行 sysctl -p 命令可以立即生效，无须重启服务器。

7.5.3 利用最新内核的特性

我们知道，Linux 内核社区是非常活跃的社区，随着 Linux 的发展，针对 Socket 层面的优化也在不断进行着。

1. FastSocket

FastSocket（见链接[30]）是由新浪开源的一套针对 Socket 层面的优化方案。它主要针对内核中的 accept 锁引起的性能瓶颈进行优化，包含一个内核模块和一个动态的链接库。一些基于 Epoll 的应用程序的性能会有很大提升。它主要考虑了老版本内核的以下特征导致的性能瓶颈。

- 短连接频繁地连接建立和销毁需要访问 Kernel 全局区的 TCB（TCP Controll Blocks）。

- 全局表 listen socket table 和 established socket table 在多核情况下经常成为系统瓶颈。

- VFS 的 inode 和 dentry 同步锁对 Socket 是不必要的开销。

我们先来看一下较早版本的内核在 Nginx 这个高性能框架下的瓶颈在什么地方。图 7-7 展示了 Linux Kernel 3.9 版本之前的 accept 建立连接的大致流程。

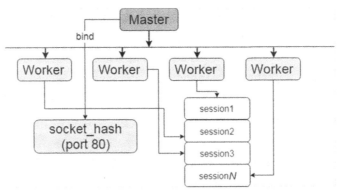

图 7-7 Linux Kernel 3.9 版本之前的 accept 建立连接的大致流程

bind 的系统调用选择一个端口进行绑定。所有绑定的接口都会被放入一个哈希表中。这个哈希表是全局的，被占用的端口是无法复用的。具体到 Nginx，它在 bind 并 listen 之后会 fork 出来多个 Worker 进程，多个 Worker 进程事实上是共用了同一个 Socket。然后，每个 Worker 进程会再各自绑定 Epoll。这样，当每次新连接的请求到来时，Nginx 的多个进程都要进行竞争。可想而知，当流量很大时，accept 共用一个 Socket 会造成怎样的瓶颈。图 7-8 所示为经过 FastSocket 优化后的 Socket 处理示意图。

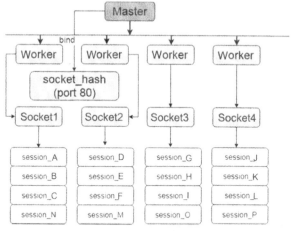

图 7-8　经过 FastSocket 优化后的 Socket 处理示意图

　　FastSocket 实际上和前文提到的四层负载均衡优化的思路有些类似，即将共享的有锁的内容做成一些无锁化的 Per-Core 数据，消除多个进程竞争的影响。它拥有一个用户态的 so 动态库，当有用户态进程要进行 Socket 的 bind/listen 相关的系统调用时，这个动态库就会调用它关联的内核态的一些函数进行不同于传统内核的 Socket 操作。

　　（1）用户态的动态库会捕获 Socket 操作，不让 Socket 再进行传统的系统调用。

　　（2）动态库记录 listen 调用的套接字 fd，如果应用程序使用的是 Epoll 驱动且使用非拷贝的套接字，则动态库会通知内核模块将套接字的相关信息拷贝一份作为备份 fd_bak。

　　（3）对 fd_bak 重新调用 Socket 操作，关联原来的套接字。

　　（4）内核对绑定的 Socket 端口的套接字有一个 Per-Core 处理，其中每个套接字都有自己独立的 accept 队列。如果有其他的进程要 bind 套接字的端口，则会把这些进程绑定到所在 CPU 内核的套接字上。

　　（5）每个进程进行 Epoll add 操作时，都会将该 Epoll 事件关联到所在进程的套接字。

　　图 7-9 所示为 Epoll 事件驱动建立连接的示意图，可以看到当建立连接时原来的串行操作变成了并行操作。

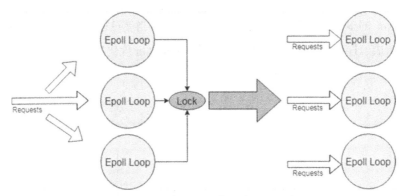

图 7-9 Epoll 事件驱动建立连接的示意图

FastSocket 实际上还使用到了 RSS（将属于同一数据流的包发送到同一个接收队列）和 RFD（通过把 CPU 的 ID 和用户连接的源端口编码在一起使来自同一个用户的数据包能在同一个 CPU 上处理）技术，结合上述流程，把硬中断、软中断、三次握手、数据传输、四次挥手都放到一个 CPU 内核上进行处理。而 Per-Core 处理除了能够避免加锁等同步开销，还可以提升 CPU 缓存的命中率。

关于 FastSocket 的更多细节和实践，读者可以参考官网和社区的信息。

2. So-reuseport

So-reuseport 一开始是由 Google 提交的一个内核 patch，Linux 内核从 3.9 版本开始正式支持了该特性。该功能主要是针对 IPv4/IPv6 下的 TCP/UDP 的 Socket 进行优化的。7.5.2 节提到的 FastSocket 实际上也使用了 So-reuseport 的特性。

从名称就可以看出，So-reuseport 是在 Socket 层对端口的复用。它的本质并不是对单个端口的竞争使用，反而是每个进程各自维护自己的 accept socket fd。当同一个端口的请求来到时，Linux 内核只需要唤醒一个进程来建立连接。该特性应用在 Nginx 上，解决了前文提到的"惊群效应"。由于 So-reuseport 是 Linux 新内核的特征，网上有很多相关文章写得很不错，读者可以参考，本节不再对其进行过多介绍。本节提到 So-reuseport 的目的是希望读者知道有这个优化方向，并且有较好的可以预期的优化效果。阿里巴巴的 Tengine 已经支持了这一特性。

7.5.4 利用硬件卸载

硬件卸载（offload）是一个经常让人忽略的功能。除了第 6 章介绍到的硬件加速卡对 SSL 进行硬件卸载，网卡的硬件卸载功能也是一个不容忽视的特征。在以内核作为协议栈或运行平台的场景下，建议尽量打开七层负载均衡网卡的各种硬件卸载机制。

- checksum（rx-checksumming/tx-checksumming）。

可以使用网卡对接受包和发送包进行校验和的硬件计算。在高并发下可以节约宝贵的 CPU 资源。

- VLAN（rx-vlan-offload/tx-vlan-offload）。

网卡对 VLAN 报头的处理。

- TSO（tcp-segmentation-offload）。

当 TCP 的 Payload 数据大于 MSS，即要进行分段时，协议栈本身并不对报文进行分片，而是直接下发给网卡驱动，由网卡硬件直接进行分段。当然，分段后会重新进行校验和计算。

- UFO（udp-fragmentation-offload）。

严格来说，UFO 并不算是硬件卸载，因为它主要应用在虚拟化设备中。和 TSO 的作用类似，UFO 的作用是使用户态的 UDP 报文避免在协议栈中进行分片，而将其直接转移到网卡中。

- GSO（generic-segmentation-offload）。

GSO 可以理解成 TSO 和 UFO 的功能集合，它会检查硬件是否支持 TSO/UFO，如果支持就直接交给这两项来处理分片。

- LRO/GRO（large-receive-offload）。

LRO/GRO 与上面的流程相反，是网卡对接收数据包的聚合。

- RSS（Receive Side Scaling）。

前文讲到的 FastSocket（7.5.3 节）和四层负载均衡技术（7.4.1 节）均使用了多队列的网卡技术，这实际上也是一种网卡的硬件卸载功能。该技术用于将负载均衡分到每个内核上。

然而，并不是所有的网卡均支持以上各种硬件卸载的技术。在 Linux 下，可以通过 ethtool 查看各种模式的状态并进行设置，使用"ethtool -k eth0"命令来查询网卡

硬件卸载参数的状态，使用"ethtool -K eth0 XXXX on|off"命令来打开和关闭某种硬件卸载。比如，可以使用"ethtool -K eth0 rx-checksum on|off"命令来设置网卡，使网卡能够支持数据包的校验和硬件卸载。

7.6 性能测试环境与数据

本节将针对优化后的负载均衡器进行性能测试，并给出测试结果。

7.6.1 大并发测试环境

为了评估负载均衡器的性能，我们需要构建一套高并发测试环境。经过优化的负载均衡器可以达到数千万的 PPS 和数万兆的网络流量，而且为了模拟真实应用场景，测试数据包不能随意被构造，而是要来源于应用层服务。这对我们测试系统提出了苛刻要求，既要保证能测试到负载均衡器的性能极限，又要让测试客户端和后端服务器不能成为测试系统的性能瓶颈。为了满足真实应用场景的需求，可以使用高性能的 HTTP Client/Server 方案。由于单台 HTTP Client/Server 的性能一般远低于负载均衡器的转发性能，所以对 HTTP Client/Server 进行了优化并采用了集群化方案，于是有了如图 7-10 所示的分布式测试系统。

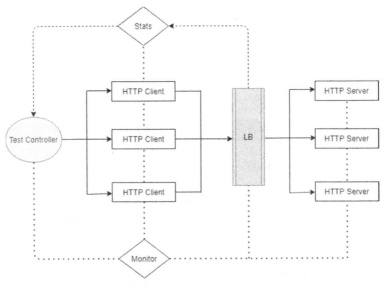

图 7-10 分布式测试系统

分布式测试系统主要由以下 4 部分构成。

- 负载均衡器（LB）：被测对象是四/七层负载均衡器。在测试开始前，四/七层负载均衡器通过读取配置文件配置测试业务、重置性能统计数据；测试开始后接收客户端的请求，并按照配置文件指定的策略将接收到的测试流量转到后端 HTTP 服务器上，测试结束后将性能数据传递给测试控制器。

- 测试控制器（Test Controller）：控制测试的启动、停止，收集测试数据，监控测试状态。测试控制器是用脚本编写的一套测试控制程序，它实现了分布式测试系统的集中控制。当开始测试时，只需要在测试控制器上执行开始测试的命令，测试控制器就会利用网络通信并发地通知各个 HTTP 客户端产生测试流量。测试结束时，测试控制器将收集汇总 LB、HTTP 客户端和 HTTP 服务器上的测试数据。在测试过程中，测试控制器会监控 LB、HTTP 客户端和 HTTP 服务器的负载状态，以确保测得的性能数据不受环境限制的影响。

- HTTP 客户端集群（HTTP Client）：HTTP 客户端使用 wrk（见链接[31]）产生测试流量。wrk 的实现采用了多线程和事件驱动模型，能够在单台服务器上并发产生大量的 HTTP 请求。在使用时可以通过调整 wrk 维持的连接数量和使用的线程数量，调节输出负载的大小。也可以通过参数指定测试负载的输出时间。

- HTTP 服务器集群（HTTP Server）：HTTP 服务器使用了 F-Stack（见链接[32]）Nginx 提供的 WebServer 服务。F-Stack 是基于 DPDK Kernel Bypass 的高性能的网络应用框架，移植了 Freebsd 的协议栈，支持 Nginx、Redis 等多种成熟的应用。我们使用 F-Stack Nginx 集群作为 WebServer，以避免后端服务器成为整个分布式测试系统的瓶颈。

在万兆网络的测试环境下，我们使用了 7 台 64 核 wrk 客户端服务器和 3 台 F-Stack Nginx 服务器，服务器配置为 2.2GHz 64 核 CPU 和 62GB 内存。在测试时，HTTP 客户端和服务器端都设置了 CPU 亲和性，保证每个 CPU 都能得到有效利用。

> wrk 的 CPU 亲和性可以通过启动多个 wrk 进程然后使用 tasklet 配置，F-Stack Nginx 的 CPU 亲和性通过 F-Stack 配置文件和 Nginx 配置文件配置。

7.6.2 四层负载均衡性能数据

四层负载均衡器的主要评价指标是包转发率和吞吐量。我们用 HTTP 短连接测试 DPDK 四层负载均衡器 DPVS 的性能，DPVS 配置一个 TCP FullNAT 转发服务，3 台 F-Stack Nginx 的响应配置为返回一个 cached 字符串 "Hi, I am xxx."，其中请求包长和响应包长平均约为 90 字节，根据线速的计算方法，包转发率的线速约为 11.1Mpps。表 7-2 列出了 Worker 数量为 1～6 个时，DPDK 四层负载均衡器的包转发率和吞吐量性能数据。

表 7–2　DPVS 性能数据

Worker 数量（个）	包转发率（Mpps）	吞吐量（Gbit/s）
1	2.330	1.148
2	4.410	2.173
3	6.533	3.219
4	8.824	4.348
5	10.946	5.393
6	10.344	5.097

包转发率和吞吐量数据都来源于 DPVS 的业务管理工具 ipvsadm（ipvsadm -ln --stats --exact 命令），获取 1s 内的平均值。可以看到，在万兆以太网环境下，DPVS 有较好的多核扩展性能，且在 Worker 数量为 5 个时可以实现 TCP FullNAT 线速转发。

图 7-11 所示为 LVS、Maglev、DPVS 转发性能对比（见链接[33]）。可以看出，DPVS 转发性能略低于 Maglev 转发性能，但明显高于 LVS 转发性能。需要说明的是，图 7-11 中给出的是 DPVS FullNAT 转发性能数据，DR 转发性能会进一步优于 FullNAT 转发性能，但由于测试环境的限制，未能测试到 DR 转发性能的极限。

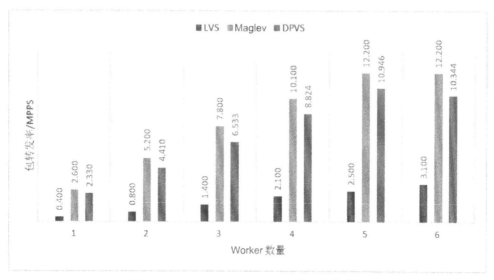

图 7-11　LVS、Maglev、DPVS 转发性能对比

图 7-12 所示为 DPVS 控制面和数据面的性能火焰图（见链接[34]），其数据来源是 DPVS 性能测试过程中用 Linux Perf（见链接[35]）工具采集的 30 s 的 cpu-cycle 事件。

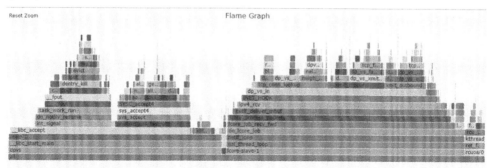

图 7-12　DPVS 控制面和数据面的性能火焰图

通过图 7-12 可以看到，DPVS 各个模块和函数的 CPU 占用时间为进一步性能优化提供了很好的思路和方向。

7.6.3　七层负载均衡性能数据

七层负载均衡器常见的形式是 Nginx 反向代理，通过 Nginx upstream 模块将请求转发到后端服务器上。为了对比七层负载均衡器的性能，我们测试了以下 3 种 Nginx 反向代理的性能。

- Nginx-1.10.3：Linux 3.10.0 环境，Nginx Worker 绑定 CPU 物理核，采用 Epoll 事件模型，并优化了相关内核参数（参考 7.5.2 节）。

- FastSocket：使用 FastSocket 内核环境，Nginx Worker 绑定 CPU 物理核，采用 Epool 事件模型，并关闭了 accpet mutex（参考 7.5.3 节）。

- F-Stack：采用 DPDK PMD 实现的 Kernel Bypass 方案，Nginx Worker 与 F-Stack lcore_mask 对应。

测试并发流量为 500 倍的 Nginx Worker 数量，后端服务器是 F-Stack Nginx 服务器。图 7-13 所示为不同的 Nginx 反向代理在不同 Worker 数量下的 QPS 性能数据。

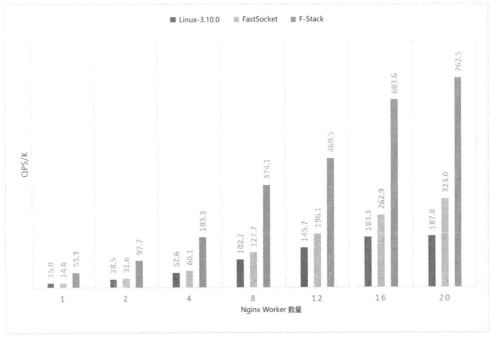

图 7-13 不同 Nginx 反向代理在不同 Worker 数量下的 QPS 性能数据

通过图 7-13 可以看到，FastSocket 随着 Nginx 的 Worker 数量的增加，其性能明显优于普通的 Linux Nginx；而 F-Stack 性能在仅有一个 Worker 时的 QPS 数据就是其他两种的数倍，而且随着 Worker 数量的增加，性能可以呈线性提升。由此可见，F-Stack 中 Kernel Bypass 方案的使用对性能的提升作用显著。

7.7 大容量网卡

随着用户、服务商对高带宽需求的不断增加，以及云服务数据中心的快速发展，以太网的传输速率从早前的 1Gbit/s、10Gbit/s 提升到 25Gbit/s、40Gbit/s、100Gbit/s 甚至更高。如图 7-14 所示，高带宽以太网有两种技术升级路径：一种是目前采用较多的 10Gbit/s-40Gbit/s-100Gbit/s 升级路径；另一种是 10Gbit/s-25Gbit/s-50Gbit/s-100Gbit/s 升级路径。尽管目前 40Gbit/s 占据着以太网端口市场的主要份额，但它采用的是多通道技术，相比 25Gbit/s 的单通道，显然 25Gbit/s 能够为机架服务器的带宽连接提供更大的端口密度和更低的单位成本。所以从目前看来，25Gbit/s 高速以太网更符合未来的发展趋势。

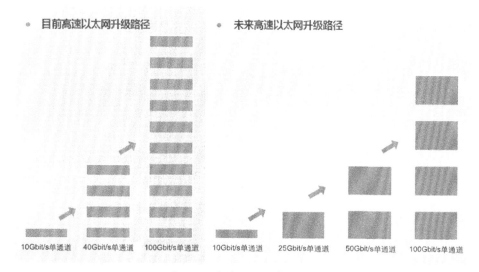

图 7-14　高速以太网升级路径

我们使用 Mallenox 25Gbit/s 网卡测试了 DPVS 的性能，如图 7-15 所示，在平均包长约为 100 字节的 TCP 小包的情况下，万兆网卡和 25Gbit/s 网卡的 DPVS 的帧转发率和吞吐量，其中横坐标是 DPVS 使用的 Worker 数量，纵坐标是 DPVS 的帧转发率和吞吐量。我们知道，10Gbit/s 网络帧转发率理论极限为 12.88 Mpps（即 64 字节小包线速），使用 25Gbit/s 网卡，DPVS 的帧转发率已经能突破万兆网卡的线速极限，同时对应的吞吐量也超过了万兆网卡 10Gbit/s 的速率。从另一个角度来看，在 DPVS Worker 数量相同的情况下，25Gbit/s 网卡的性能比万兆网卡有所提升。因此，对于大流量负载均衡服务来说，使用高速网卡也是提高单机性能的一种途径。

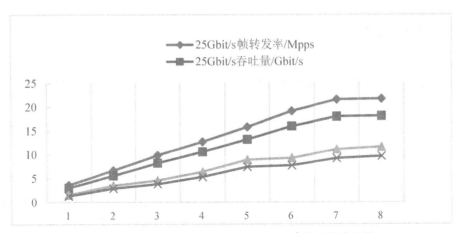

图 7-15　DPVS 在 10Gbit/s、25Gbit/s 网卡上的性能比较

第 8 章 安全设计

从第 6 章和第 7 章中，我们了解了网络协议及负载均衡器的性能优化方法，那么在本章中，我们将来讨论一下，在这个数据爆炸的背景下，如何进行数据中心的安全防护。本章会先介绍一下目前数据中心存在的安全问题，然后介绍 Syn-flood 攻击及 DoS 攻击，最后介绍两种防御措施，即黑名单与 ACL 机制及 WAF 防火墙机制。

8.1 数据中心面临的安全问题

数据中心除了面临我们常见的物理安全问题，还有网络安全、系统安全、数据安全、信息安全等问题。其中，网络安全问题就是本节主要要讨论的问题。

目前，常见的网络攻击有 Syn-flood 攻击、DDoS 攻击、DNS-flood 攻击。

8.2 Syn-flood 攻击与防御

我们知道，在 TCP 三次握手的过程中，后端服务器端在接收到客户端的 SYN 报文后，会建立一个 SYN 队列。这个队列会占用一定的内存，它的大小应该是有限的。当攻击者发送大量的 SYN 报文后，后台服务器端的 SYN 队列就会越来越大。要么超出大小限制，包括正常的 SYN 报文都无法建立 TCP 连接；要么就是 SYN 队列设置得过大，导致内存耗尽。

Linux 内核已经给我们提供了一种解决 Syn-flood 攻击的方法，即 SYN Cookie。它的原理是，在 TCP 服务器接收到 SYN 包并返回 SYN + ACK 包时，不分配一个专门的数据区，而是根据这个 SYN 包计算出一个 Cookie 值。这个 Cookie 作为将要返回的 SYN+ACK 包的初始序列号。当客户端返回一个 ACK 包时，TCP 服务器根据包头信息计算 Cookie，与客户端返回的确认序列号（初始序列号 + 1）进行对比，如果相同，则 TCP 服务器会将本次连接视为一个正常连接，然后分配资源，建立连接。

在负载均衡设备上，对于 FullNAT 转发方式，我们也可以提供一种类似 SYN Cookie 的防攻击模块。这个模块就是 Syn-proxy。它的原理就是将 SYN Cookie 的校验放到负载均衡设备上，只有 SYN Cookie 校验通过，才会和后台进行三次握手，从而建立连接。在校验通过之前，负载均衡设备上不会有 SYN 队列去耗费内存。这种代理握手的转发方式在 FullNAT/NAT 设备上可以实现，但是在类似 DR、Tunnel 的设备上实现就较为困难。这是因为在 DR、Tunnel 的三次握手的数据报文中，只有从客户端（Client）到服务器端（Server）的入口方向的报文才经过负载均衡设备。打开 Syn-proxy 和关闭 Syn-proxy 的三次握手的对比如图 8-1 所示。

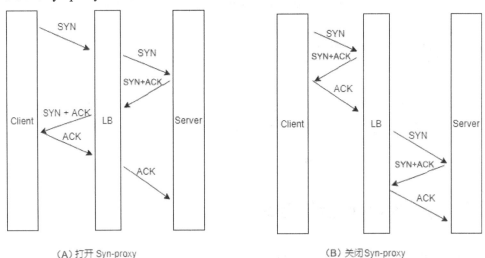

图 8-1　打开 Syn-proxy 和关闭 Syn-proxy 的三次握手的对比

8.3　DDoS 与流量清洗

DoS（Denial of Service，拒绝服务）攻击一般采用一对一的方式，利用网络协议和操作系统的一些缺陷，通过欺骗和伪装的策略来进行网络攻击，使网站服务器充斥大量要求回复的信息，消耗网络带宽或系统资源，导致网络或系统不堪重负，甚至使服务不可用。

DDoS（Distributed Denial of Service，分布式拒绝服务）攻击一般是借助大量的攻击客户端来进行的。这些客户端一般由一个主控端来进行控制，被控制的客户端会发送大量的请求。真正的控制端作为一个攻击者，一般发送完攻击的控制命令后，就会关闭或离开网络。在这些被控制的客户端上发送的大量请求包一般是经过伪装的数据包，可能源地址都是伪造的。

8.4　黑名单与 ACL

当定位到某一个客户端 IP 地址在进行类似刷量的恶意操作或攻击时，就可以考虑对这个源地址进行封禁了。黑名单是根据报文的源 IP 地址进行过滤的一种方式。和采用 ACL（Access Control List，访问控制表）进行包过滤相比，黑名单需要匹配的域很简单，可以高速地进行报文过滤，进而有效地对来自特定 IP 地址的报文进行屏蔽。在 Linux 中，我们可以通过 iptables 来设置黑名单。其中，黑名单最主要的特点是可以通过 SecPath 防火墙动态发现主动进行黑名单列表修改的恶意 IP 地址。

当我们需要根据 IP 地址以外的信息来过滤数据包时，就需要配置一些规则来进行数据包过滤，这些规则是通过 ACL 定义的。通过 ACL 将规则应用到安全网关上，安全网关根据这些规则判断是否允许数据包通过。图 8-2 所示为 ACL 结构图。

ACL 可以被应用到许多业务模块中，最基本的就是被应用到简化流策略中，使设备可以基于全局、VLAN 或接口下发送 ACL，实现转发报文的过滤。同时，ACL 被广泛应用到 Telnet、FTP、路由等模块中。

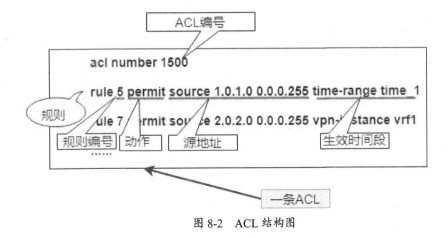

图 8-2　ACL 结构图

8.5　WAF

相对于黑名单，ACL 是在网络层上实现访问控制的，WAF（Web Application Firewall，Web 应用防火墙）是在应用层上实现访问控制的。下面介绍一下 WAF 这种安全防护模式产生的背景及其工作原理。

1. WAF 的产生背景

互联网离不开 Web 服务。丰富的 Web 应用场景不断提高 Web 服务器的功能。Web 服务器强大的功能蕴含着极高的价值，很容易被黑客当作攻击目标，因此也是服务商的重点防护对象。所谓来者皆是客。因为互联网应用的本质是为大众服务，所以在恶意行为暴露前，Web 服务器是无法判断接入的用户性质的。显然，传统的三层防火墙 ACL 黑白名单机制无法满足 Web 服务的安全防护需要，因此 WAF 应运而生。

WAF 通过维护一系列 HTTP/HTTPS 的安全策略，达到实现 Web 应用的安全防护的目的。

2. WAF 的工作原理

WAF 工作在业务服务之前，通过反向代理的模式对请求进行过滤分析，阻拦非法请求，达到使业务服务器隔离恶意请求的目的，实现敏感数据的安全隔离。WAF 的基本架构如图 8-3 所示。

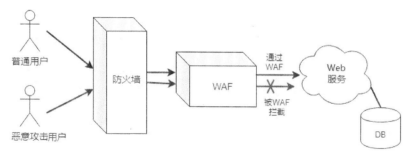

图 8-3　WAF 的基本架构

WAF 是为防护而产生的，我们需要了解攻击手段，才能更好地了解 WAF 功能。目前，常见的攻击手段如下。

- 通过响应包查找 Web 服务软件、脚本解释器版本信息，进而匹配对应版本已知漏洞并进行攻击或提权。

- 大量尝试使用 HTTP OPTIONS GET、PUT、DELETE 规则漏洞来获取或恶意删除敏感数据。

- 大量尝试使用业务服务的 API 注入漏洞，进行攻击或提权。

- 查看是否存在 SQL 注入漏洞并进行攻击。

- 通过 XSS、URL 注入漏洞，获取合法用户权限。

因此，WAF 应该具备如下功能。

- 禁止 HTTP 协议的非安全方法。

- 伪装 Web 服务的特征。

- 文件上传的防护。

- 防止 API 和命令注入。

- 防止路径遍历和文件包含注入，对敏感的系统路径进行保护。

- 防止 SQL 注入。

- 防止 XSS、CC 攻击。

- 黑白名单。

- 与实时计算平台对接。

WAF 的基本工作流程如图 8-4 所示。

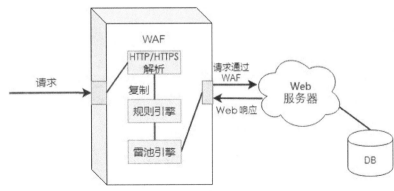

图 8-4　WAF 的基本工作流程

规则引擎主要对请求和响应进行过滤。从用户请求开始，在网络层先进行黑白名单验证，之后在应用层依次进行非安全 HTTP 请求过滤、URL 黑白名单过滤、CC 重放攻击过滤、请求 Payload 检测、HTTP 头检测、恶意内容检测，到达雷池引擎。当发现没有异常时，可以通过雷池引擎（动作模块）进入 Web 后端服务端，若发现请求来自 ACL 以外的恶意网站，则丢弃该请求。

为了防止暴露 Web 服务器的信息，Web 后端服务器接收请求后生成的响应会通过 WAF 规则引擎进行伪装并对部分内容过滤打码。

- WAF 的缺陷。

前文也提到，在具体意图暴露之前，应用提供商无法判断该请求是否是恶意行为。经过长期的攻防拉锯战之后，攻击方会通过分析 WAF 防护策略不断变更攻击套路，试图绕开 WAF 防线。WAF 这种基于防护规则的安全策略只对请求和响应感兴趣，这样是难以拦截未知的请求的。

- WAF 的未来。

WAF 的未来可以和 AI 结合，通过学习业务本身，进行业务相关数据建模，精准识别与业务特征不匹配的行为。

第 9 章　负载均衡实践

通过对前面几章内容的学习，我们了解了负载均衡技术的起源、发展、实现原理及现有的负载均衡技术，同时对与网络服务相关的性能优化及安全设计进行了讨论。此外，我们了解到爱奇艺开源方案 DPVS 在负载均衡方面的表现十分突出。那么，本章就从服务配置部署、监控与故障分析、服务 SLA、集群性能分析、负载均衡与 Kubernetes 云原生，以及边缘计算几个方面进行探讨，进一步了解爱奇艺内部是如何将该负载均衡实践方案落地的。

9.1　服务配置部署

下面主要以 DPVS 为例来讲解负载均衡的配置方法。

9.1.1　主备模式与集群模式

负载均衡作为一个提供高可用、可扩展服务的接入设备，本身也需要保证高可用性，其在部署方式上通常有主备模式和集群模式两种。

主备模式的部署方式通常只需要一台服务器提供线上的转发服务，另一台作为备机。只有在主机不可用的情况下，备机才会接管转发服务。这种转发方式的可扩展性较差，当大流量导致一台设备不足以支撑全部流量时，单个主备集群显然无法满足业务的流量需求。

集群模式的部署通常是通过等价多路径路由协议（ECMP）来实现的，即多个集群宣告同样的 VIP，由交换机/路由器根据权重来分发到对应的下一跳路由/主机节点。在生产环境中，我们可以利用开源的 Quagga 软件基于 OSPF/BGP 协议宣告动态路由给上一级设备去感知。由于 ECMP 的存在，我们可以使集群节点全部在线提供转发服务。当检测到流量过大时，还可以让客户端无感知地为集群添加节点以实现扩容。然而我们需要知道的是，大部分厂商的交换机设备的等价路由条目是有限制的，我们无法实现一个集群的无限扩容。不过，由于负载均衡设备性能较高，单个集群一般就可以满足大部分的大流量高并发业务。

9.1.2 部署 FullNAT 外网集群

下面以 Quagga 软件来部署 DPVS 的外网集群为例，来讲解一下外网集群模式的配置方法。FullNAT 外网集群业务部署架构如图 9-1 所示，在部署 FullNAT 外网集群业务时，可以将负载均衡器的内网网卡和外网网卡虚拟出 DPVS 所需的 DPDK 广域网接口 dpdk1 和 DPDK 局域网接口 dpdk0 。

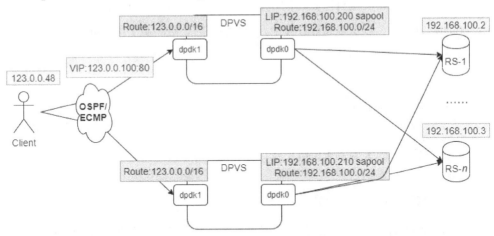

图 9-1　FullNAT 外网集群业务部署架构

对于 DPVS 本身的转发配置来说，都按照标准配置来操作，与标准配置不同的地方在于对路由的配置。以 DPVS 的部署为例，可以在外网集群模式下进行 DPVS 配置，代码如下：

```
# routes for LAN/WAN access
```

```
dpip route add 192.168.100.0/24 dev dpdk0
dpip route add 123.0.0.0/16 dev dpdk1
# add service <VIP:vport> to forwarding, scheduling mode is RR.
ipvsadm -A -t 123.0.0.100:80 -s rr
# add two RS-es for service, forwarding mode is FNAT (-b)
ipvsadm -a -t 123.0.0.100:80 -r 192.168.100.2 -b
ipvsadm -a -t 123.0.0.100:80 -r 192.168.100.3 -b
# add at Local-IPs (LIPs) for FNAT on LAN interface
ipvsadm --add-laddr -z 192.168.100.200 -t 123.0.0.100:80 -F dpdk0
ipvsadm --add-laddr -z 192.168.100.201 -t 123.0.0.100:80 -F dpdk0
# add VIP to WAN interface
dpip addr add 123.0.0.100/32 dev dpdk1
```

9.1.3　部署 FullNAT 内网集群

内网集群的部署和外网集群的部署不太一样。在外网集群的部署上，负载均衡器通常有内网网卡和外网网卡。但是内网环境下的服务器不考虑网卡绑定，通常只有一张网卡（当然也可以插入多张网卡，但会浪费资源）。在这种场景下，我们常常会利用 VLAN 在交换机的另一边对服务器做两个虚拟网卡设备，这样路由等数据流从逻辑链路上看起来会更加清晰。假设有网卡 bond0，那么可以利用 VLAN 技术将 bond0 加上两个 vlan tag，分别虚拟化出来 bond0.ospf 和 bond0.local。对两个服务器的集群来说，FullNAT 内网集群业务部署架构如图 9-2 所示。

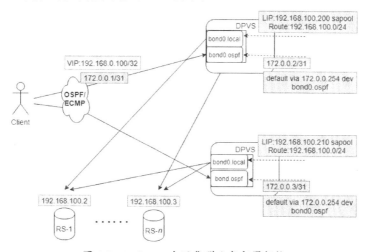

图 9-2　FullNAT 内网集群业务部署架构

在图 9-2 中，172.0.0.1/31 是交换机用来承载 OSPF 协议的直连地址，172.0.0.2/31 和 172.0.0.3/31 是服务器用来和交换机做 OSPF 协议的源地址。192.168.0.100 是我们配置的 OSPF 协议宣告出去的 IP 地址（此处，OSPF 协议是通过 Quagga 软件实现的）。

在搭建 DPVS 的 FullNAT 内网集群时，OSPF 协议的主要配置代码如下：

```
log file /var/log/quagga/ospf.log
log stdout
log syslog
password ospf
enable password ospf


access-list 1 permit 192.168.0.0 0.0.0.255 #ACL 匹配 192.168.0.0/24
route-map ecmp permit 10
match ip address 1                          #路由过滤
interface bond0.ospf.kni                    #内核网卡接口
ip ospf network point-to-point
ip ospf hello-interval 10
ip ospf dead-interval 40
router ospf
ospf router-id id-tmp
log-adjacency-changes                       #日志
auto-cost reference-bandwidth 1000          #防止因端口的带宽导致 cost 计算失误
network 172.0.0.254/31 area 0.0.0.0         #宣告 172 网段
redistribute connected route-map ecmp       #重分发应用上面配置的 ecmp
```

OSPF 服务运行在 Linux 内核协议栈上，DPVS 内部没有实现 OSPF 协议，而是把其收集到的 OSPF 报文直接通过 KNI 接口设备（本实例中的 bond0.ospf.kni）交给 Linux 内核处理。这样可以使 DPVS 只关注其核心的转发功能，避免了对各种各样的具体协议的实现。

此外，我们需要配置一下 Linux 内核参数 rp_filter=2，该参数用于开启松散的反向路径校验。对每个进来的数据包校验其源地址通过任意网口是否可达，如果反向路径不同，则直接丢弃该数据包。这样就通过该配置会使进来的数据包在丢弃前被每个网口检测一遍，使得同一张网卡的两张虚拟网卡的收发包互不影响。

以 DPVS 的部署为例，可以进行相应配置，代码如下：

```
# routes for LAN access
dpip route add 192.168.100.0/24 dev bond0.local
# add service <VIP:vport> to forwarding, scheduling mode is RR.
ipvsadm -A -t 192.168.0.100:80 -s rr
# add two RS-es for service, forwarding mode is FNAT (-b)
ipvsadm -a -t 192.168.0.100:80 -r 192.168.100.2 -b
ipvsadm -a -t 192.168.0.100:80 -r 192.168.100.3 -b
# add at Local-IPs (LIPs) for FNAT on LAN interface
ipvsadm --add-laddr  -z  192.168.100.200  -t  192.168.0.100:80  -F
bond0.local
ipvsadm --add-laddr  -z  192.168.100.201  -t  192.168.0.100:80  -F
bond0.local
# add addr/route for dpvs.
dpip addr add 192.168.0.100/32 dev bond0.local
dpip addr add 172.0.0.2/31 dev bond0.ospf
dpip route add default via 172.0.0.254 dev bond0.ospf
```

9.1.4 部署 DR 集群

DR 集群部署方式和 FullNAT 外网集群部署方式基本相同，除了需要在后端服务器上配置转发规则，还需要将 VIP 绑定到 lo 接口上。假设 VIP 为 IPv4 类型，则配置代码如下：

```
ip addr add VIP/32 dev lo
sysctl -w net.ipv4.conf.lo.arp_ignore=1
```

9.1.5 部署 SNAT 集群

对于 SNAT 集群的部署，也要考虑如何做集群化。很显然，集群化的目标就是对内网请求来源内网路由地址做一个等价多路径路由协议。我们考虑一个很简单的二层网络直连的场景。假设有一台 SNAT 的服务器，它的内网地址是 1.1.1.1/24，外网地址是 111.111.111.111。很显然，当要从这个 SNAT 服务器做代理访问外网时，客户端的路由需要把 1.1.1.1/24 配置成网关。那我们的目的就是要把 1.1.1.1/24 这个 IP 地址做一个等价路由。这里为了方便配置路由，让逻辑链路更清晰，采用了类似内网集群配置的方式，对内网网口进行 VLAN 拆分。

以单台服务器的部署为例，SNAT 集群部署架构如图 9-3 所示。

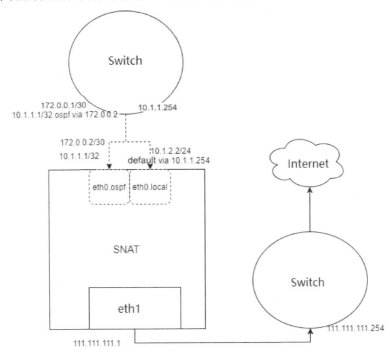

图 9-3　SNAT 集群部署架构

针对 DPVS，我们部署 SNAT 集群的步骤如下：

（1）对 eth0 的内网网卡做两个 VLAN，代码如下：

```
dpip vlan add eth0.local link eth0 proto vlan id 101
dpip vlan add eth0.ospf link eth0 proto vlan id 3001
```

可以根据实际情况配置两个 VLAN 的 ID。

（2）添加 IP 地址，代码如下：

```
dpip addr add 172.0.0.2/30 dev eth0.ospf
dpip addr add 10.1.1.1/32 dev eth0.ospf
dpip addr add 111.202.74.7/24 dev eth1 sapool
```

（3）添加路由地址，代码如下：

```
dpip route add 10.1.2.2/32 dev eth0.local scope kni_host
dpip route add 10.0.0.0/8 via 10.1.2.2 src 10.1.1.1 dev eth0.local
```

```
dpip route add default via 111.111.111.254 dev eth1
```

除了要考虑配置上述的静态 IP 地址/路由，还要考虑配置和交换机的动态等价路由。我们以基于 Quagga 软件的 OSPF 协议的配置为例，配置代码如下：

```
log file /var/log/quagga/ospf.log
log stdout
log syslog
password ospf
enable password ospf
interface eth0.ospf.kni
ip ospf network non-broadcast
ip ospf priority 0
ip ospf hello-interval 10
ip ospf dead-interval 40
router ospf
ospf router-id 172.0.0.2
log-adjacency-changes
auto-cost reference-bandwidth 1000
network 172.0.0.2/26 area 0.0.0.0
network 10.1.1.1/32 area 0.0.0.0
```

上述配置的主要目的是将 10.1.1.1/32 这个 IP 地址宣告到网络中，给交换机感知。其中，eth0.ospf.kni 是一个 DPVS 的 KNI 网卡设备，和 eth0.ospf 相对应生成。

9.1.6　部署 SNAT-GRE 集群

搭建上述 SNAT 集群的前提是客户端要访问的外网可以路由到 SNAT 集群。这并不是一个简单的操作，客户端能路由到 SNAT 集群的前提是要对中间各个交换机设备配置好路由。例如，内网交换机都要添加外网的路由，使最终的出口路径指向 SNAT 集群。

如果机房的各个交换机不允许配置或修改这些外网路由，则可以利用隧道技术来实现客户端访问外网，路由到 SNAT 集群的目的。假设客户端机器是 10.0.3.1，目标 SNAT 集群宣告到网络中的 VIP 是 10.1.1.1。我们可以建立一个 GRE 隧道，这个隧道有两端，假设客户端的隧道点是 192.168.1.26/30，SNAT 集群节点终端的隧道点是

192.168.1.25/30，那么可以依托底层的 10.1.1.1 和 10.0.3.1 的连通性建立上述隧道（集群架构见图 9-4）。

在 10.0.3.1 上的隧道设备（/etc/sysconfig/network-scripts/ifcfg-snat.tun10）可以有相应配置，代码如下：

```
DEVICE=snat.tun10
BOOTPROTO=none
ONBOOT=yes
TYPE=GRE
# MTU=1476
PEER_OUTER_IPADDR=10.1.1.1
PEER_INNER_IPADDR=192.168.1.25/30
MY_INNER_IPADDR=192.168.128.26/30
```

以 DPVS 为例，我们可以按照如下代码在 SNAT 上建立隧道：

```
dpip tunnel add gre1 mode gre local 10.0.3.1 remote 10.1.1.1 dev dpdk0
dpip addr add 192.168.1.25/30 dev gre1
```

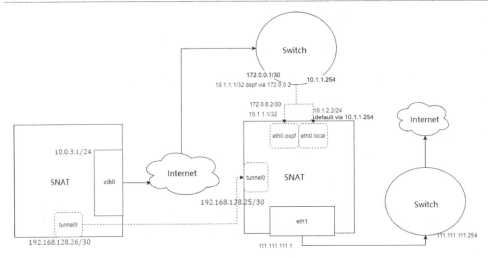

图 9-4 SNAT-GRE 集群架构

9.1.7 部署 Nginx 集群

有很多 Nginx 集群的部署方式，在通常情况下，我们把 Nginx 集群挂在四层负载均衡集群的后面，即 Nginx 集群是四层负载均衡的 RS。这样可以直接做到 Nginx 集群化、高可用，也非常方便进行弹性扩容。同时，我们可以利用四层负载均衡的一些防攻击的安全模块提高 Nginx 集群的安全性。

传统的 Nginx 集群都是部署在物理机/虚拟机上的。随着容器技术和云原生的发展壮大，越来越多的人会把 Nginx 部署到 Docker 上。Docker 集群的优势显而易见，它更加轻量级，也更容易进行弹性计算的部署，调度起来更加方便。

9.2 监控与故障分析

为了保证服务的稳定性，避免一些大规模的集群突发状况，需要对集群负载均衡服务进行必要的监控，而且需要运维人员能够对集群故障进行分析和排除。

9.2.1 负载均衡监控指标及基本监控

下面介绍一下爱奇艺生产环境中使用的相关监控指标及基本监控策略。

1. 四层负载均衡监控指标

四层负载均衡监控的主要指标及其含义如表 9-1 所示。

表 9–1　四层负载均衡监控的主要指标及其含义

指 标 名 称	含 义
qlb.vip/rss.conf.state	vip、rss 配置状态
qlb.XXX.actconn	vip、rss 等活动连接数量
qlb.XXX.inactconn	vip、rss 等非活动状态连接数量
qlb.XXX.conn	vip、rss 等总连接数量
qlb.XXX.pps/bps/cps	vip、rss 等每秒传输的数据包数量、字节数量、新建连接数量
qlb.XXX.inpps/bps/cps	vip、rss 等每秒接收的数据包数量、字节数量、新建连接数量
qlb.XXX.outpps/bps/cps	vip、rss 等每秒发送的数据包数量、字节数量、新建连接数量
dpvs.connpool.usedcnt/ratio	dpvs 连接池的使用数量、使用率
dpvs.connpool.freecnt	dpvs 连接池的空闲数量
qlb.lips.sa_miss	网卡丢包数量

2. 四层负载均衡基本监控

基本监控：对于上述监控指标，可以在告警系统 Hubble 配置告警策略，进行告警订阅等。对于一些基本的收发包数量等，我们可以通过 9.2.2 节介绍的监控成图软件进行显示，以便对业务有直观的感受。其他和负载均衡性能相关的参数，如 VIP 连通性、DPVS 中本地 IP（LIP）地址相关的网卡丢包数量等在出现问题时，我们会通过 Hubble 监控进行同步的短信/电话告警。

下面简单介绍一个监控实例，通过监控 qlb.lips.sa_miss 的变化来避免因为 LIP 不足影响服务，当 VIP 的 sa_miss 总和前后两次增量大于 0 时，触发告警。该告警出现的原因是四层负载均衡服务器的 LIP 的可用端口数量不足，需要通过增加集群的 LIP 数量（每个四层负载均衡服务器的 LIP 数量一般为 3～5 个）或调大 dpvs sapool 配置（dpvs.conf: sa_pool/pool_hash_size）来解决。

3. 七层负载均衡监控指标

七层负载均衡监控的主要指标及其含义如表 9-2 所示。

表 9-2　七层负载均衡监控的主要指标及其含义

指　标　名　称	含　义
qlb.nginx.worker	Nginx 的 Worker 进程数量是否和服务器 CPU 数量一致，0 表示为一致
qlb.l7.ups.inbytes/outbytes	某个 upstream 每秒从客户端接收/发送流量
qlb.l7.ups.totalconn	某个 upstream 每秒处理过的连接数量
qlb.l7.ups.totalreq	某个 upstream 每秒处理过的请求数量
qlb.l7.ups.rt	某个 upstream 每秒的响应时间
qlb.l7.active	服务器当前所有处于打开状态的活动连接数量
qlb.l7.accepts	服务器每秒已接收的连接数量
qlb.l7.requests	服务器每秒处理过的请求数量
qlb.l7.read/write/wait	服务器处于接收请求、响应请求及活动状态的连接数量
qlb.l7.serverload	服务器 QPS 负载

4. 七层负载均衡基本监控

七层负载均衡的基本监控和四层负载均衡的基本监控是一致的，下面列举一个实例来解释说明一下。

对于七层 Nginx 集群，我们可以通过配置 Hubble 插件脚本来检测 Nginx 服务器（Director），当连续 4 次的检测中有两次及以上出现检测失败（即请求 http://$dip:33601/nginx/ upstream? format=json 失败），检测频率为 90s 的情况时，则触发告警"QLB nginx dip 检测失败"，这个告警出现的原因可能是监控机网络抖动、Nginx 服务器故障或 Nginx 进程启动失败。

9.2.2　监控数据成图

对于 Hubble 从监控脚本获取的监控数据，我们采用 Grafana 进行监控成图。Grafana 是一个跨平台的开源度量分析可视化工具，可以通过查询采集的数据进行可视化展示，并及时告警通知业务方。下面简单描述一下 Grafana 的使用方法。首先，添加数据源，通过在 Grafana 操作页面单击 Configuation→Data Source，创建来自 Hubble 数据库的数据源。然后，创建 DashBoard（仪表盘），这一部分可以选择通过自定义方式或使用官方提供的仪表盘来实现。在复制 ID、填入导入页面、设置数据展示的时间段和刷新频率后，我们就能通过该 DashBoard 来监控显示 ID 对应的数据。如图 9-5 所示，Grafana 监控面板上显示了在实际应用中，对于四层负载均衡实例所监控显示的数据信息。

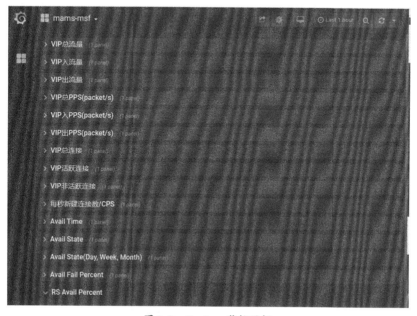

图 9-5　Grafana 监控面板

9.2.3 线上故障及排查实例

以四层负载均衡线上故障——QLB L4 集群告警为例进行故障告警策略及排查介绍。

告警策略 1：该集群 30%以上的业务触发了"QLB vip/rss 检测失败"告警。

告警策略 2：该集群 30%以上的业务触发了"QLB vip 长周期检测失败"告警。

问题原因：集群上多个业务的后端服务器有问题，在 Hubble 平台上根据集群告警信息中的分组等进行条件搜索，定位目前该集群上处于 PROBLEM 状态的业务，根据 Hubble QLB 业务告警查看每个告警业务的真实情况。

进一步排障流程如下。

（1）对于检测失败的业务，通过 telnet vip port 检测业务可用性。若不存在问题，则可能是网络抖动问题，或者是由于多个业务的后端服务器不通导致的。

（2）登录 Director，执行 ipvsadm -ln 命令查看业务是否正常，执行 top 命令查看每个 CPU 内核的负载是否正常。若出现负载异常，则需要调查这个集群的某一个业务是否存在异常。

（3）执行 dpip addr show 命令查看是否是 LIP 数量不足导致的，若 LIP 数量不足，则 sa_miss 的值不为 0 且会增大。

（4）通过集群模式逐个查看 Director 的并发连接，若某一个 Director 的并发连接和其他连接相继出现异常，则关闭这台服务器的 ospfd 应用。大约 60s 后，再次执行 telnet vip port 命令查看是否正常。若没有异常，则是这一台服务器出现了故障，具体可以结合/var/log/message 查看异常。

（5）若上一步正常，则在监控机上执行 ping vip 命令查看是否有丢包，如果有丢包，则可能是网络出现了故障。

9.3 SLA 简介

SLA（Service Level Agreement，服务等级协议）是指提供服务的企业与客户之间就服务的品质、水准、性能等方面所达成的双方共同认可的协议或契约。

典型的 SLA 内容有参与各方对所提供服务及协议有效期限的规定；服务提供期间的时间规定，包括测试、维护和升级；对用户数量、地点及提供的相应硬件的服务的规定；对故障报告流程的说明，包括将故障升级到更高水平的支持条件。

下面介绍一下爱奇艺生产环境中实现 SLA 的主要内容：服务自助化、服务器警及流量异常检测。

9.3.1 服务自助化

爱奇艺生产环境的服务自助化平台架构如图 9-6 所示。业务方可以通过在爱奇艺凌虚系统提交工单来申请负载均衡服务，为实现资源的平衡，需要管理员进行资源分配。分配好资源之后，业务方可以根据服务的变动，自主进行参数修改，以及配置下发。管理员和业务方通过内部配置分发系统完成新建和修改操作。该系统会从凌虚系统获取数据库中业务方业务配置信息，生成相应的配置文件，然后推送到目标机器上。其中，目标机器信息是通过凌虚系统配置的数据库进行保存的，并由凌虚系统提供的API 实时获取。

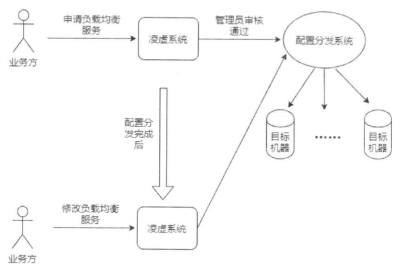

图 9-6 爱奇艺生产环境的服务自助化平台架构

9.3.2 服务告警

对于线上四层负载均衡的 vip port 和七层负载均衡的 upstream，系统会通过Hubble 监控脚本进行拨测监控，用于判断服务可用性。Hubble 告警分别是 "QLB vip/rss 检测失败"和"QLB upstream 检测失败"，这两类告警会发给业务对应的申请人和后备告警人，希望业务方在接收到此类告警时，能及时定位分析、处理相关后端服务器。告警的具体配置可以在申请服务时进行定制，监控数据可以通过Grafana 监控面板查看，下面简要介绍一下相关的监控配置。

当申请四层负载均衡时，可以选择服务的检测方式，目前可供选择的服务检测方式有 curl、nmap、quic 和 anycast 等（见图 9-7），分别对应监控业务后端服务器提供的 HTTP、QUIC、ANYCAST 和 UDP/WebSocket 等其他服务。若通过使用这些方式都无法正确检测服务，则可能因为提供的测试服务是不稳定的，这时可以选择"none"选项，表示不检测该业务，且不进行告警。

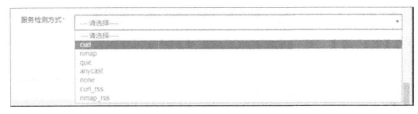

图 9-7　四层负载均衡的服务检测方式

当申请七层负载均衡时，添加 upstream 需要选择是否接受告警，如果是，则需要配置机器健康检查方式和对应的健康检查成功代码，如图 9-8 所示为默认配置。部分upstream 服务的健康检查需要自定义绝对路径，或者在"请求头"文本框中添加"Host:域名"，又或者在"健康检查成功代码"文本框中添加"http_2xx"或"http_3xx"。

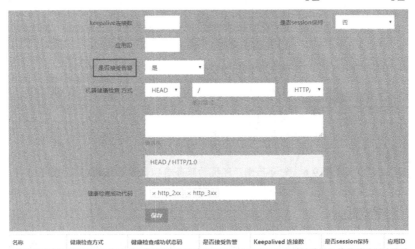

图 9-8　七层负载均衡的服务检测方式

9.3.3　流量异常检测

　　流量是系统的黄金指标之一，它能直观反映系统的运行状态。健康的系统流量通常平稳波动变化，当流量突然上涨或下降时可能预示系统出现了故障。因此，流量异常检测对发现系统故障、维护系统的稳定性十分重要。

　　爱奇艺流量异常检测功能采用了无监督机器学习的方法，可以对 vip 的流量指标数据进行时间序列异常检测并实时告警，流量异常检测算法架构如图 9-9 所示。简单来讲，就是从流量曲线上把人眼觉得是异常的点用算法识别出来。至于是否是真的异常，还需要根据业务进行进一步确认和反馈，这对于一般的流量异常可以实现较好的检测效果，在一定程度上减少了异常流量带来的危害。

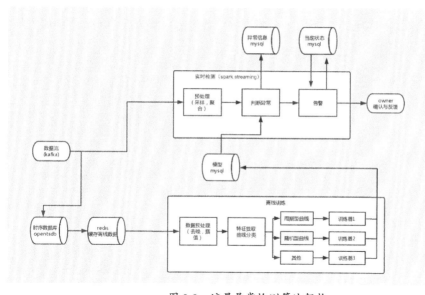

图 9-9　流量异常检测算法架构

图 9-9 中的曲线类型检测方法如下。

1. 周期性良好的曲线（周期型曲线）检测方法

- 对历史数据进行拟合，得到拟合模型和拟合误差，基于拟合模型对未来进行预测；在实时检测中，将实际值和预测值的误差与拟合误差进行比较，判断是否生产了异常。

- 根据曲线比较前一个点在前一天与上周同一天的变化，判断是否产生了异常，如图 9-10 所示。

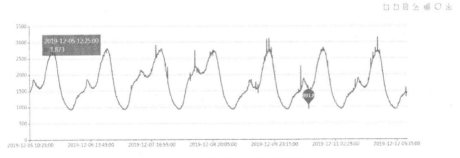

图 9-10 周期流量曲线检测实例

2. 周期性比较差的曲线检测方法

通过历史数据的均值、标准差、分位数等统计信息设置固定的上、下阈值，如图 9-11 所示。

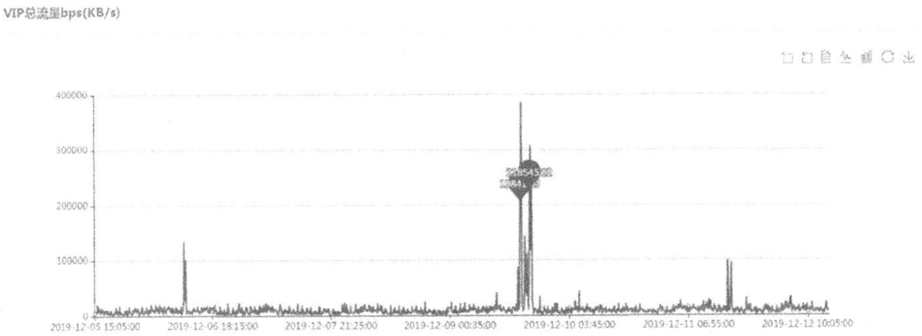

VIP总流量bps(KB/s)

图 9-11 非周期流量曲线检测实例

9.4 集群性能分析

在进行 DPVS 和 Nginx 集群性能分析之前，我们先熟悉一下性能分析的方法及性能测试的方法。

1. 性能分析的方法

目前有很多系统性能分析的方法，我们可以通过这些方法来获取目前系统性能低的主要影响因素，表 9-3 罗列一些通用的系统性能分析的方法。

表 9-3　通用的系统性能分析的方法

性能分析的方法	类　型
Ad Hoc 核对清单法	观测与实验分析
工作负载特征归纳	观测分析、容量规划
延时分析	观测分析
性能监控	观测分析、容量规划
静态性能调整	观测分析、容量规划
容量规划	容量规划、调优
缓存调优	观测分析、调优

2. 性能测试的方法

为了保证服务的可靠性，在产品开发及新版本发布阶段均需要进行必要的测试，下面介绍一下常见的 4 种性能测试的方法。

- 负载测试。

负载测试是在不限制软件的运行资源、测试软件吞吐量上限的情况下，发现设计上的错误或验证系统的负载能力的方法。负载测试可以用于性能测试。

- 压力测试。

压力测试是一种基本的软件质量保证行为，其执行的基本思路很简单：在计算机数量较少或系统资源匮乏的条件下进行测试。压力测试就是在内存、CPU 可用性、磁盘空间和网络带宽等资源限制的条件下，观察软件运行的极限，从而发现性能缺陷。现在有很多压力测试工具，如 Apache JMeter、Loadstorm、WebLOAD、压测宝等。

- 并发测试。

并发测试主要用于测试多用户并发访问同一应用、模块、数据时是否会产生隐藏的并发问题，如内存泄露、线程锁、资源争用等。这是几乎所有性能测试中都会使用的一种测试方法。目前使用比较广泛的测试工具有 ApacheBench、wrk、Postman 及 Apache JMeter。

- 失效恢复测试。

失效恢复测试主要用于当系统出现部分故障时检测服务是否可用，该方法主要针对的是冗余备份、负载均衡类的服务。通过强制使主服务或负载均衡服务中的某个后端服务挂掉，测试系统是否能够自动检测、摘除故障点并切换到可用服务上。这属于人工干预测试，需要进一步评估修复时间等来确认服务的可用性。

对于集群性能分析，我们主要采用压力测试和并发测试来进行分析。大家已经对七层 Nginx 集群的性能有所了解，目前大多数公司的七层负载均衡都是用 Nginx 来搭建的。通过在较差的运行环境下进行并发测试，我们发现七层 Nginx 集群的性能瓶颈也至少可以达到 50 000 并发连接数。

对于四层 DPVS 集群，我们可以对比七层 Nginx 集群的性能获得直观的感受。图 9-12 所示为 DPVS 在多核工作场景下的包转发率柱状图，其中，当 DPVS 工作在三核环境下时，就会使后端的 Nginx 服务器过载（此处 DPVS/Nginx 均运行在单台服务器上，属于非集群模式部署）。

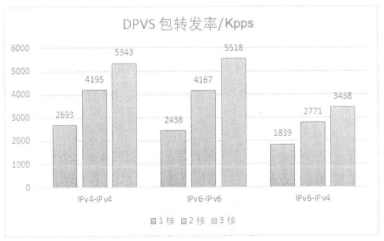

图 9-12　DPVS 在多核工作场景下的包转发率柱状图

9.5　负载均衡与 Kubernetes 云原生

随着虚拟化技术的成熟和分布式框架的普及，在容器技术、可持续交付、编排系统等开源社区的推动下，以及微服务等开发理念的带动下，在应用上云已经是不可逆转的趋势。Kubernetes 通过将云应用进行抽象简化出各种概念对象，如 Pod、Deployment、Job、StatefulSet 等，形成了云原生应用的通用可移植的模型。Kubernetes 作为云应用的部署标准，直接面向业务应用，大大提高了云应用的可移植性，解决了云厂商锁定的问题，让云应用可以在多云之间无缝迁移，甚至用来管理混合云，成为企业 IT 云平台的新标准。

万变不离其宗，Kubernetes 云原生服务也需要负载均衡作为其流量出入口。总体来说，负载均衡在 Kubernetes 中的应用分两种：一种是为用户提供服务的访问入口，通常通过 Kubernetes 的 service 对象或 ingress 对象实现；另一种是为 Kubernetes 内的应用提供外部访问机制，通过 SNAT masquerade 实现。图 9-13 列出了负载均衡在 Kubernetes 云原生中的应用。

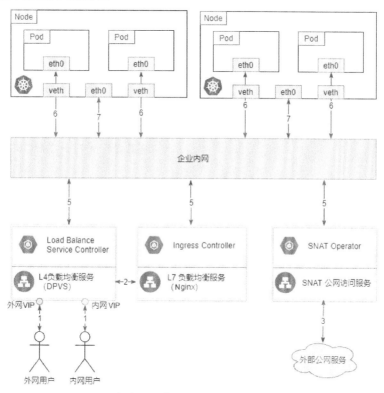

图 9-13　负载均衡在 Kubernetes 云原生中的应用

9.5.1　负载均衡服务

通过 Service Controller 监听 Kubernetes 的 LoadBalancer 类型的 Service。在创建 Service 时会新建 DPVS 四层负载均衡实例并将负载均衡虚拟 IP（VIP）地址反馈给 Kubernetes，Service 的 Pod 被更新时会修改 DPVS 四层负载均衡实例的后端服务器，在删除 Service 时会销毁 DPVS 四层负载均衡实例。在创建 Service 时，除了需要指定其为 LoadBalancer 类型，还必须在 annotations 中添加四层负载均衡服务所需的必要信息，如负载均衡的地址类型、项目信息等。由外部四层负载均衡支持的 LoadBalancer Service 的数据流如图 9-13 中的 1、5、6 所示，下面给出一个 Kubernetes Service 的部署实例配置文件，代码如下：

```
kind: Service
metadata:
  annotations:
    service.loadbalancer-address-type: "public"    #外网或内网负载均衡
    service.loadbalancer-provider: "CMCC"          #运营商信息
    service.loadbalancer-project: "lingxu"         #项目信息，用于资源审
计
  name: nginx
  namespace: default
spec:
  ports:                                           #描述服务暴露的细节,如需暴露多个端口可填
多个
  - port: 80                                       #对外暴露的端口
    protocol: TCP                                  #通信协议，可选 TCP 协议、UDP 协议
    targetPort: 80                                 #转发到的后端 Pod 的端口
  selector:
    app: nginx                                     #指定转发的 Pod
  type: LoadBalancer                               #必须指定为 LoadBalancer 类型
```

9.5.2　Ingress

Service 提供了基于四层网络的服务暴露能力，Service 暴露类型（如 ClusterIP、NodePort 或 LoadBalancer）均基于四层网络服务的访问入口。除了 Service，Kubernetes 还提供了一种集群维度的七层网络下的服务暴露方式——Ingress。如图 9-14 所示，Ingress 主要扮演了集群入口网关的角色，通过独立的 Ingress 对象制定请求转发规则，将服务路由到不同 Service 中。

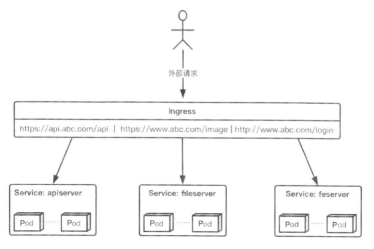

图 9-14　Kubernetes Ingress 工作原理

Kubernetes Ingress 数据面的功能可以由七层负载均衡实现。我们只需要实现一个 Ingress Controller，监听 Kubernetes 的 Ingress 及其关联的 Service，当 Kubernetes 中的 Ingress 和 Service 被新增、修改、删除时，相应地配置七层负载均衡及其 upstream。同时，通过将七层 Ingress 负载均衡集群接入四层负载均衡，可以为 Ingress 服务提供四层的访问入口。通过负载均衡方式实现的 Ingress 的数据流如图 9-13 中的 1、2、5、6 所示，下面给出一个 Kubernetes Ingress 的部署实例配置文件，代码如下：

```
apiVersion: extensions/v1beta1
kind: Ingress
metadata:
  name: cafe-ingress
  annotations:
    nginx.ingress.kubernetes.io/ssl-redirect: 'false'
spec:
  rules:
  - host: cafe.example.com
    http:
      paths:
      - path: /tea
        backend:
          serviceName: tea-svc
          servicePort: 80
```

```
    - path: /coffee
      backend:
        serviceName: coffee-svc
        servicePort: 80
```

9.5.3　SNAT 出网访问

当 Kubernetes 的 Pod 访问集群外的服务或资源时，一般通过 Kube-proxy 服务添加 iptables NAT 规则实现。虽然采用 UnderLay 的组网方案可以使容器网络与公司内网互通，但容器访问外网时还需要 NAT。我们知道，Linux 内核的 iptables 的底层数据结构是线性链表，随着容器数量的增加，iptables 规则数量会快速增长，从而导致性能下降。负载均衡器可以提供基于二维哈希链表的 SNAT 服务，我们可以通过实现一个 SNAT Operator 来监听 Pod 的创建和销毁事件，在创建 Pod 时为其添加出网访问的规则和权限，在回收 Pod 时相应地销毁出网访问规则并回收权限。SNAT 服务需要的信息可以通过 Pod 对象中的 annotations 字段给出。由负载均衡方式实现的容器出网访问的数据流如图 9-13 中的 3、5、6 所示，下面给出一个 Kubernetes 有外网访问权限的 Deployment 的部署实例配置文件，代码如下：

```
apiVersion: apps/v1
kind: Deployment
metadata:
  labels:
    app: demo
  name: demo
spec:
  replicas: 2                    # Pod 数量
  strategy:                      # 更新策略
    rollingUpdate:
      maxSurge: 0
      maxUnavailable: 1
    type: RollingUpdate          # 滚动更新
  selector:
    matchLabels:                 # 必须与 .spec.template.metadata.labels 保
持一致
      app: demo
```

```
template:
  metadata:
    labels:
      app: demo
    annotations:
      SnatOperator: cmcc # cmcc|ctcc|cucc|qnet|private
      Bandwidth: 10m
      Project: qlb
  spec:
    containers:                 # 可以有多个容器
    - image: k8s.gcr.io/echoserver:1.10
      name: web
      ports:                    # 可以有多个端口声明
      - containerPort: 8080
        name: web
        protocol: TCP
    enableServiceLinks: false
```

需要注意的是，我们在 .spec.template.metadata.annotations 中指定了每个 Pod 接入的 SNAT 服务需要的出口运营商、带宽及项目信息。

9.6　边缘计算

边缘计算可以为应用开发者和服务提供商在网络的边缘提供云服务和 IT 环境服务，其目的是在靠近数据输入或用户的地方提供计算、存储和网络带宽，解决传统云计算模式下存在的高延迟、网络不稳定和低带宽问题。

边缘计算技术正在被越来越多的行业场景应用，视频行业就是其中一个典型的应用领域。随着视频形态、商业模式日益丰富，边缘计算在视频行业的应用价值正愈发凸显。视频云服务主要分为静态和动态两种不同的业务类型：静态业务主要是图片、视频服务，这些静态资源文件通常比较大，但内容相对固定，可以通过 CDN 直接下沉到边缘点；动态业务主要是接口类型服务，如认证、鉴权、播放控制、统计等，这些服务类型较多、功能相对复杂，但多数流量较小，如果想要完全下沉到边缘，则需要在边缘点重新部署每个动态服务，所以动态服务一般会通过在边缘点设置代理并通过网络加速的方式访问源站。

  图 9-15 所示为视频云边缘计算的基本结构，边缘用户通过域名访问视频云的静态服务和动态服务，DNS 将所请求的域名解析为用户所在边缘点的负载均衡 IP 地址，然后分别交由边缘点的静态服务和动态代理服务处理。边缘负载均衡负责为边缘用户提供统一且高可用的网关，可以通过四层负载均衡、七层负载均衡或云服务实现。因为静态资源已经下沉到边缘点，所以可以被边缘用户快速获取到，这也极大地节约了CDN 和静态回源的带宽；动态资源通过边缘动态代理将请求转发到源站处理，为了降低网络延时，边缘动态代理和源站服务之间一般会进行网络加速优化，如使用 VPN技术优化路由选择、使用 KCP 协议优化网络传输速度等。

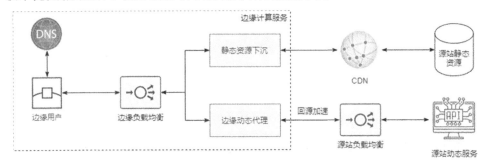

图 9-15　视频云边缘计算的基本结构

第 10 章　展望

　　现在，互联网技术正以前所未有的惊人速度发生着变化，虚拟化、云计算、微服务、云原生、Serverless 等新的技术正在改变着传统的服务架构。在这些技术浪潮的推动下，作为现代分布式系统的核心技术之一的网络负载均衡技术也在潜移默化中不断进化。本章将简单讨论未来网络负载均衡技术的一些发展趋势。

　　第一，网络负载均衡技术正在由专用硬件设备向通用软件服务过渡。一些厂商的硬件负载均衡器价格昂贵、维护成本高、可扩展性差、灵活性弱，不能适应快速变化的云服务和弹性计算需求。相反，软件负载均衡器可以运行在价格低廉的通用服务器、虚拟机甚至容器上，而且通过网络可以将单个负载均衡器组织成负载均衡集群，对外提供高可用性、高伸缩性的负载均衡服务。另外，LVS、Nginx、HAProxy、Maglev 等各种类型的负载均衡软件的开源更进一步促进了负载均衡的软件化、服务化。

　　第二，多种类型负载均衡相互补充、共同发展。一方面，从拓扑类型角度来看，服务器端负载均衡、客户端负载均衡会长期共存。服务器端负载均衡可以担当业务网关的职责，对业务提供统一的管控，不需要客户端改造就能直接使用。目前来看服务器端负载均衡仍是主流，随着微服务技术的兴起，客户端负载均衡也开始得到越来越多的应用，如时下流行的服务网格组件 Enovy 的 sidecar 代理模式，它将负载均衡功能下沉到客户端，可以自然地避免服务的单点问题和扩展问题，但需要支持各种客户端，而客户端升级改造成本较高。另一方面，从工作原理上来看，四层负载均衡和七层负载均衡会相互补充，四层负载均衡能提供跨网络边缘的服务访问能力，七层负载均衡则更侧重业务流量的逻辑分发。虽然七层负载均衡有更多、更高级的功能，但几乎所有的现代大型分布式架构都是在因特网流量接入处使用四层、七层两级负载均衡架构。这是因为七层负载均衡承担的更多工作是复杂的分析、变换及应用流量路由，它处理原始流量的能力比优化后的四层负载均衡要差很多，而且更复杂的功能可能意味着更多潜在的异常缺陷，使用四层、七层两级负载均衡可以方便地将存在故障的七层负载均衡器从服务集群中摘除。总体来看，不同类型的负载均衡技术有各自的应用场景，它们会长期共存并相互补充。

第三，控制面和数据面分离，实现流量的全局动态智能调度。一般，我们把负载均衡配置、监控、健康检查相关的功能模块称为控制面，把数据转发、流量路由相关的功能模块称为数据面。传统的负载均衡器控制面和数据面通常集成在一起，每台负载均衡器的数据转发逻辑由自己的控制面管理，同时负载均衡依赖的服务发现、健康检查等非数据面功能也运行在本机的控制面上。这种部署方式相对简单，可以用在中小型规模的负载均衡服务中。但随着集群规模的扩张和数据流量的增加，它会出现一些问题：首先，控制面和数据面相互影响，如数据面流量突增会导致控制面的响应延时增大；然后，因为集群中每台负载均衡器的配置基本上是相同的，集群内部多个设备的控制面是非常冗余的，所以不仅会带来管理上的复杂性，而且可能会影响系统性能，如每台机器对同一组后端服务器重复进行健康检查会增加后端服务器的处理负担；最后，云技术的发展对控制面的动态性能和灵活性要求越来越高，控制面需要支持自适应流量调度、故障自动切换、跨区域互备等高级管理功能。控制面和数据面分离是大规模负载均衡应用的必然趋势，我们可以从不同维度上来看其具体表现。从单台负载均衡器的角度来看，控制逻辑和数据处理逻辑分离并且会运行在隔离的资源（包括CPU 核心、网络 I/O、内存等）中。从集群的角度来看，通用的控制逻辑从单台负载均衡器中抽取出来，并被作为集群粒度的控制服务，不仅能使单台设备的控制面变得轻量化，而且实现了对集群中各个设备更灵活地控制。从全局的角度来看，每个集群的控制面被统一管理，可以实时检测各个集群的可用性和负载情况，并以此实现流量全局、动态、智能调度。

第四，追求性能极致。提高性能就是降低成本，这是我们不断追求性能优化的最大动力所在。随着数据中心的网络正在从万兆（10Gbit/s）向 25Gbit/s、50Gbit/s、100Gbit/s

过渡，单个网络适配器接口的数据收发能力也随之不断提升，如何能在配置了更高速网卡的通用服务器上实现数据包的线速处理和转发是负载均衡正在面临的问题。通过一些优化技术，如 DPDK、XDP、eBPF 等，负载均衡器的性能已经能突破每秒千万个的包处理转发速度，这个性能对 64KB 的以太网小包来说仅仅能达到万兆网卡的线速，所以提高负载均衡器的性能才能更充分地利用大流量网卡。此外，我们可以在应用上游部署负载均衡，让负载均衡器充当应用的网关来控制流量的出入，这在优化性能的同时还可以提高系统抗击 DDoS 攻击的能力。

第五，更完善的功能。未来负载均衡的功能需求将更加多样化，包括集群一致性哈希、容错和扩展、连接共享和平滑迁移、安全防护、更多协议支持、业务动态配置、流量智能调度、超时、重试、限速、熔断、缓存、基于内容的路由等。负载均衡会实现越来越多的功能以满足各种各样的需求场景，然而并非每个用户都会用到所有的功能，为了减少非必要功能对性能的影响和对系统的附加要求，负载均衡在实现多样化功能的同时，也势必会将非核心功能进行模块化、可配置、可裁剪的处理。此外，高级用户可能还希望能将编写的可插拔的插件加载到负载均衡器上，以添加自定义功能，如 Nginx 支持使用 Lua 进行脚本编程来扩展功能。

第六，更好的可观测性。随着部署的系统越来越动态，负载均衡中的故障排查和问题定位变得越来越复杂。系统的可观测性是衡量未来负载均衡易用性和可维护性的重要指标，它将变得越来越重要。数据统计、连接追踪、分布式跟踪、自定义日志、流量镜像、系统可视化等可观测相关的功能正在成为负载均衡解决方案必不可少的组成部分。

总体来说，这是一个令人振奋的计算机网络时代，开源和软件化方向的转变使得大部分系统的迭代速度有了数量级的提高，而且随着微服务、Serverless 技术的兴起，网络应用已经开启了以弹性化、动态化为目标的新征程，底层网络和负载均衡技术也将随之掀开一个新的篇章。